U0086822

# 小倆口幸福餐桌

### 簡便少鹽的122道早午晚餐╳小菜╳烘培╳特別推薦料理

李賢珠 著 / 牟仁慧 譯

博碩文化

A Table for Two

# 小倆口
# 幸福餐桌

# Prologue

各位讀者大家好，我是部落客Lady's 李賢珠。

自從我開始寫部落格後，才發現有許多人每天都在為吃的苦惱。事實上，為了我自己和老公，平時我都是準備兩人份的料理，不過除了晚餐、周末和特別的日子外，午餐時間大多都只有我一人。一開始，我也經常以麻煩當藉口，隨便吃吃或乾脆不吃；後來我開始苦惱，究竟有什麼樣的料理，能讓做的人和吃的人都感到沒有負擔且開心，這也是我出版這本《小倆口幸福餐桌》的初衷。

此食譜中的菜單，是經常出現在我們家餐桌上的料理。書中的食譜料理起來都不困難，無論是誰都能順利地完成，更能讓新婚生活多一股媽媽的味道，並洋溢著滿滿的愛與真誠。我相信此書不僅適合新婚夫妻閱讀，也能幫助和家人分開生活的大學生、上班族等人們。

不知道該吃什麼的時候，不如為家人和自己的健康把關，準備一桌清淡簡單的料理吧！當看到家人一天比一天快樂，氣色也越來越好的同時，也會讓您開始期待每天的料理時光。

《小倆口幸福餐桌》中的122道料理，我都盡可能地使用最少的調味料，努力保留食材的原味。由於我本人吃得較清淡，所以大部分都只加一點點鹽或乾脆不加。按照食譜的配方去料理，有可能會不符合您的口味，因為此書的食譜是秉持我個人的理念——家常菜不要做得太鹹來調味的。若真的不符合您的胃口，在試過味道後，您可以加入鹽或魚露來調整鹹度。

那麼，現在就開始介紹我家經常出現的料理，也許您會覺得平淡無奇，但這可是承載著滿滿愛意所準備的料理喔！

# Special Thanks to

為了拍出最漂亮的照片，揮灑所有熱情的攝影師尹世韓，能和您達成默契，真的是我的榮幸！

為了讓這本書變成一本好書，自始至終和我一起努力的出版社所有職員，真心感謝你們提供一個這麼好的機會給我！

在冬天艾草難以取得，媽媽卻幫我找到了！只要是女兒的事情，總是花費許多心力的媽媽，在此送上無限的愛給您。

還要感謝總是在旁不斷鼓勵我的家人、朋友，以及在部落格上給予許多意見的網友們。

最後要感謝的是，總是守護著我並陪同度過一切最愛的新郎Marc！一直都非常感謝你，還有愛你。

# *Contents*

## 1st. Breakfast & Brunch Table
## 讓人充滿活力的早午餐簡單料理

### PART 1 Breakfast Table

番茄炒嫩蛋

早餐店烤土司

太陽蛋吐司

雞蛋三明治

奶油肉桂吐司

納豆山藥飯

荷包蛋蓋飯

山藥香蕉汁

藍莓香蕉果昔

優格百匯

### PART 2 Brunch Table

貝果佐瑞可塔起司

可頌三明治

外餡三明治佐香菇洋蔥

培根洋蔥帕里尼三明治

火鍋肉片沙拉

營養煎蛋餅

法國吐司佐蜜香蕉

義式蔬菜烘蛋

自製鬆餅

班尼迪克蛋

# 2nd. Lunch Table
## 簡單俐落的單盤料理

### PART 1 Noodle Table

韓式泡菜香蒜義大利麵

明太子螺旋麵

鰻魚蒜油義大利麵

玉棋

甜不辣串烏龍麵

海鮮辣什錦麵

黃太魚涼拌麵

海藻刀削麵

盤裝綜合蔬果涼麵

黑豆漿麵線

### PART 2 Rice Table

咖哩飯

日式牛肉燴飯

小黃瓜壽司

韓式泡菜豆腐壽司

熱狗壽司

牛丼

小魚乾一口飯糰

辣味涼拌牡蠣拌飯

高麗菜包飯佐堅果豆瓣醬

韓式泡菜炒飯

# *Contents*

## 3rd. Dinner Table
## 讓身心都平衡的健康晚餐餐桌

# 4th. Side Dish Table
## 充滿媽媽味道的小菜

涼拌紫蘇茄子

涼拌茄子

蒜味蘿蔔絲

涼拌蘿蔔絲

涼拌東風菜

涼拌白菜

涼拌大醬辣椒

蒜苔炒蝦乾

涼拌柿子乾

辣炒小章魚

辣炒小魚乾

烤蒜山藥

紅蘿蔔山藥煎餅

南瓜煎餅

紫蘇醬菜

滷杏鮑菇

牛肉捲

馬鈴薯炒培根

培根蔬菜捲

培根雞蛋捲

甜椒烤蛋

甜椒玉米沙拉

# Contents

## 5th. Home-made Baking Table
## 樸素簡約的手作烘焙

# 6th. Special Table
## 家人賓客都喜愛的菜單

BBQ肋排

烤黃金薯條

牛排

烤鮭魚佐馬鈴薯

山薊菜飯

鮮蚵營養飯

蓮藕竹筍飯

清燉蔬菜牛腩

焗烤地瓜

雞蛋糕

南瓜醬

梅子氣泡水

柚子氣泡水

冰薑汁汽水

烤蒜味棒棒腿

雞肉串

年糕串

辣拌螺肉

豆皮壽司便當

馬鈴薯沙拉三明治
＋辣雞翅

# 2人餐桌的基本指南

- 此書標示的份量大多為兩人份。非兩人份的情況，會另外標示，請予以參考。
- 油類若沒特別標示，可選用芥花籽油（Canola oil）或葡萄籽油。

## 基本計量方式

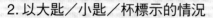

### 1. 以「克（g）」標示的情況

請使用電子秤，近來便宜的電子秤約300~600元左右就可購入。

秤重時，記得要放在水平的桌面上。

### 2. 以大匙／小匙／杯標示的情況

**液體類：** 倒入後，液體快要滿出量匙的程度。

**粉類、醬類：** 基本上，量匙裝到稍微尖起來的程度即可。

　　　　　　粉類的話，可用筷子將多餘的部分刮掉。

- 量匙1大匙＝15ml／1小匙＝5ml

　若沒有量匙，大匙可利用吃飯的湯匙代替。

　1大匙＝一般湯匙大約是12ml，將湯匙裝到滿，且上方稍為凸起即可。

　若沒有量匙，小匙可利用咖啡匙代替。

　1小匙＝一般的咖啡匙大約是3ml，將湯匙裝到滿，且上方稍為凸起即可。

　若是料理烘培類時，則建議購入量匙和量杯。

- 量杯1杯＝200ml ／1/2杯＝100ml
  若沒有量杯，可利用紙杯代替。
  一般的紙杯為200ml。
  1杯＝紙杯裝到滿即可。

## 以「少許」標示的情況

輕敲罐子3次左右的量。

例：胡椒少許

## 以「一撮」標示的情況

大拇指和食指輕抓起的量。

例：鹽巴一撮

## 以「適量」標示的情況

大拇指、食指、中指輕抓起的量。

例：砂糖適量

## 以「一把」標示的情況

一手抓起的量。

例：嫩葉1把

## 「目測」100g的計量方式

馬鈴薯(小)1個

紅蘿蔔1/2個

豆腐(小)1/2塊

櫛瓜1/3個

洋蔥1/2個

# 2人餐桌基本高湯指南

• 根據個人喜好，選擇適合不同料理的高湯湯頭。

**天然高湯活用法（以1公升的水為基準）**

材料放入水中靜置5分鐘後，將水煮滾。水滾後，再開中火煮5分鐘左右，隨後關火撈出材料即完成。煮好的高湯可馬上用來料理，也可放涼後冷藏，能冷藏保存2~3天。請參考下列的高湯食譜，根據不同的料理種類，選用合適的高湯，也可依個人喜好選擇。

• 基本高湯 ------------------------------

鯷魚8~10尾＋蝦子5~6尾＋昆布2片（5cm x 5cm）

基本上，大部分的料理都適用海鮮高湯，可多加活用。

Choice：韓式大醬湯、泡菜鍋、宴會麵…等

• 烏龍麵高湯 ------------------------------

鰹魚1把＋昆布2片（5cm x 5cm）

適用於日式料理。

Choice：烏龍麵、黑輪湯、日式煮物…等

• 黃太魚高湯 ------------------------------

黃太魚乾1把＋蘿蔔1截

Choice：海鮮湯、韓式辣鱈魚湯…等

• 鮮菇高湯／蔬菜高湯（素食用高湯）------------------

乾香菇3朵＋昆布2片（5cm x 5cm）

擁有深層風味的高湯。

Choice：綜合菇火鍋、營養菇飯…等

• 牛肉高湯 ------------------------------

牛肉（牛腩、牛腱）150g＋昆布2片（5cm x 5cm）

濃厚高湯的最佳選擇。

Choice：年糕湯、牛肉蘿蔔湯…等

# 天然沾醬活用法

• 親手調製的沾醬，能讓你的料理吃起來更加爽口。

• 醬油沾醬

**韓式料理用**：醬油1大匙＋檸檬汁1大匙＋辣椒粉少許

**西式、創意料理用**：醬油1大匙＋檸檬汁1大匙＋橄欖油1小匙

• 水果沾醬

蘋果＋奇異果＋鳳梨＋水梨＝1:1:1:1

• 優格沾醬

原味優格1個＋低脂牛奶2~3大匙＋龍舌蘭糖漿1大匙

# 堅果活用法

若覺得難以兼顧到堅果的每日攝取量，建議可先將堅果磨碎，灑在料理上方便食用。

核桃、杏仁、美洲胡桃、夏威夷豆、核果等各類堅果，建議搭配上藍莓乾、蔓越莓乾、葡萄乾等果乾一起吃，請多多活用這兩類食材。

以【堅果類：果乾類＝3：1】的比例調配。

**活用法**：將核桃、杏仁、美洲胡桃、松子等堅果類90g磨碎＋葡萄乾30g，裝入密封容器保存即可。

# 1st. Breakfast & Brunch Table
## 讓人充滿活力的早午餐簡單料理

**PART 1**
**Breakfast Table**

番茄炒嫩蛋

早餐店烤土司

太陽蛋吐司

雞蛋三明治

奶油肉桂吐司

納豆山藥飯

荷包蛋蓋飯

山藥香蕉汁

藍莓香蕉果昔

優格百匯

# PART 2
## Brunch Table

貝果佐瑞可塔起司

可頌三明治

外餡三明治佐香菇洋蔥

培根洋蔥帕里尼三明治

火鍋肉片沙拉

營養煎蛋餅

法國吐司佐蜜香蕉

義式蔬菜烘蛋

自製鬆餅

班尼迪克蛋

# 忙碌早晨餐桌上的10種
# 超簡單料理食譜

一日之計在於晨，大家的早晨時光都相當忙碌。
不僅為了自己，也讓先生和家人能充滿活力的展開一天吧～
無論是誰都能馬上做出的超簡單料理，利用這些食物裝飾早晨餐桌吧！
希望今天也能有個好的開始，就像神話中的海克力斯一樣充滿活力！

先生的一句話

「吃起來沒負擔又美味的早餐，讓我每天早上都感到很幸福。」

料理時間
10分

# 番茄炒嫩蛋

雞蛋打散炒成嫩蛋後，在忙碌的早晨也能輕鬆享用。
與番茄一同拌炒，就變成一道營養滿分的輕食餐點。

材料

**材料** 小番茄3個、雞蛋3顆、牛奶1大匙、橄欖油1大匙、西洋芹粉適量、胡椒粒適量

**步驟**

1. 番茄視大小切成2~4等份。取一平底鍋，倒入橄欖油，放入番茄炒至無
水分後，撈起備用。

2. 取一大碗，放入雞蛋和牛奶打散至均勻。

3. 將①的平底鍋用廚房紙巾擦乾淨，加入少許橄欖油後，放入②的材料，
用筷子來回攪拌。

4. 在③的炒蛋中加入少許胡椒粒，待蛋液凝固到某種程度後，放入番茄
拌炒，最後灑上香芹粉即完成。

料理時間
10分

# 早餐店烤土司

被時間追趕著的上班路途中，只要有剛烤好的吐司和牛奶，就足以填飽肚子。
利用冰箱中各式的蔬菜，以及富含蛋白質的雞蛋所做成的吐司，
只要吃一份就不會感到飢餓，是超簡單的早餐選項。
由於我個人喜歡充滿蔥花的吐司，所以我通常都只夾上一片蔥花蛋。

**材料**　吐司4片、雞蛋2顆、蔥花2大匙、火腿2片、番茄醬1大匙、胡椒粒適量

**步驟**　1. 取一大碗，放入雞蛋打散，加入蔥花混和均勻後，灑上少許的現磨胡椒粒。

2. 取一平底鍋，倒入少許油，加入①的蛋液煎至熟。

3. 放入火腿片煎熟。

4. 吐司放入平底鍋或烤盤中，稍微烤一下。

5. 吐司一面塗上番茄醬，再依序放上雞蛋、火腿片和吐司。

**Lady's Tip**

• 用起司取代火腿也相當好吃。

料理時間
20分

# 太陽蛋吐司

麵包和麵包的夾層中，夾著雞蛋搖搖晃晃的模樣超可愛，可説是色香味俱全的吐司。
依個人喜好，雞蛋熟度可自行調整。

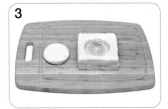

**材料** 吐司4片、雞蛋2顆、美乃滋2大匙、鹽巴1撮、胡椒粒適量、香芹粉適量、奶油適量、
鋁箔紙

**步驟**
1. 取2片吐司，利用模型挖出洞來，鋁箔紙也挖出相同大小的模型。

2. 完好的吐司放在下方，各抹上1大匙的美乃滋，放上挖好洞的吐司。

3. 雞蛋打入洞中，蛋黃部分灑上少許的鹽巴、香芹粉和現磨胡椒粒。

4. 吐司上層塗上少許奶油，蓋上挖好洞的鋁箔紙，放入烤箱烘烤。

5. 雞蛋全熟的情況，烤箱需先預熱至200度，吐司烤約10分鐘後，將溫
   度調低至180度，再烤5分鐘即可。

6. 雞蛋半熟的情況，烤箱需先預熱至180度，吐司烤約13~15分鐘即可。

**Lady's Tip**

• 吐司和雞蛋熟成的速度不同，因此要蓋上鋁箔紙，避免吐司烤焦。

• 各品牌烤箱所需的時間都不同。

• 若沒有圓形模型的話，可用杯子代替。

料理時間
25分

# 雞蛋三明治

蛋黃就像奶油一樣香氣十足,此料理能讓您充分享受雞蛋的美味。
夾入水煮蛋的三明治能輕鬆填飽肚子。

**材料** 吐司4片、雞蛋2顆、美乃滋2大匙、胡椒粒適量、香芹粉適量

**步驟** 1. 雞蛋煮至全熟。

2. 分離白煮蛋的蛋白和蛋黃。

3. 取一碗,放入熟蛋黃、美乃滋1大匙、香芹粉和現磨胡椒粒,壓碎成泥狀。蛋白則切成丁狀,與1大匙美乃滋混和均勻。

4. 如同塗奶油一般,將吐司兩面塗上蛋黃泥。

5. 放上蛋白再夾上吐司即完成。

**Lady's Tip**

• 依個人喜好,蛋白可加入少許的鹽巴。

**Breakfast Table 05**

# 奶油肉桂吐司

料理時間
5分

這是一道融合奶油和肉桂粉香氣的吐司。
吐司要用小火慢烤，才能同時享有表皮酥脆、內層濕潤的口感。
遇到下雨天或陰天時，用這道早餐轉換心情吧！

**材料**　吐司2片、奶油2大匙、肉桂粉適量、糖粉適量

**步驟**　1. 一片吐司配一大匙奶油，正反面各塗上薄薄一層的奶油。

　　　　2. 取一平底鍋，放入塗上奶油的吐司，轉小火煎烤。待奶油融化、吐司煎至酥脆時，將吐司翻面同樣煎酥脆。

　　　　3. 吐司正反面煎成金黃色後，盛盤並灑上糖粉和肉桂粉。

 **Lady's Tip**

• 小火慢煎是此料理的精髓！

料理時間
5分

# 納豆山藥飯

韓國清麴醬和日本納豆都屬於傳統發酵類食品。一開始，多少會覺得納豆難以入口，
但它其實是一種能預防癌症和成人病的健康食品，只要持之以恆地食用就有功效。
納豆經攪拌會產生黏性，出現一條條對人體健康有益的納豆絲。吃的時候不時會黏到臉上或碗中，
多少讓人覺得麻煩，不過納豆的吸收效果好且能幫助排便，因此推薦在早上食用。

**材料** 飯2人份、納豆2盒(含醬油和芥末醬)、切成丁狀的山藥2大匙、蔥花1大匙、香油2~3
滴

**步驟** 1. 取出盒中的醬油和芥末，與納豆攪拌均勻。

2. 納豆用筷子攪拌至牽絲，來回約50~100次，牽越多絲越好。

3. 將納豆和山藥丁混和均勻。

4. 把③的材料放到飯上，再灑上蔥花和2~3滴香油即完成。

**Lady's Tip**

• 若覺得納豆難以入口，可以配上泡菜一起吃。習慣後，相信您會深陷納豆的美味和
營養魅力當中。

# 荷包蛋蓋飯

對分秒必爭的上班族來說，
早餐幾乎不太可能再準備小菜來配飯。
想吃飯，早上又沒時間的話，
不妨試試小時候媽媽常煮的
荷包蛋蓋飯吧！

料理時間
5分

**材料**　白飯2人份、雞蛋2顆、醬油1大匙、香油1小匙、黑芝麻粒少許

**步驟**　1. 取一平底鍋，倒入少許油，雞蛋煎至半熟。

2. 荷包蛋放到白飯上，倒上少許醬油和香油。

3. 灑上黑芝麻粒即完成。

**Lady's Tip**

• 若有可生食的新鮮雞蛋，可將生蛋黃打入飯上，攪拌後食用。

• 若忌諱吃生蛋，可按照上方食譜料理。

# 山藥香蕉汁

山藥黏稠的觸感和口感，
讓不少人覺得噁心。
山藥打成健康果汁後，
口感較能被大眾接受，
也可讓人習慣山藥的味道。

料理時間
5分

**材料** 山藥100g、香蕉1條、原味優格1個、牛奶400ml

**步驟** 1. 取一削皮器，將山藥去皮。

2. 山藥和香蕉切大塊。

3. 所有材料放入果汁機混和均勻。

### Lady's Tip

- 手直接碰山藥的話，有可能會引起皮膚發癢，因此建議戴上手套料理。
- 依香蕉甜度調整，若覺得不夠甜，可加入1大匙的蜂蜜。

# 藍莓
# 香蕉果昔

忙碌沒時間用餐、
嘴中乾澀或沒有胃口時，
喝上一杯由超級食物藍莓和
輕甜香蕉所打成的果汁，
不僅做法方便，
也有飽足感。

料理時間
5分

**材料**　香蕉1條(小香蕉2條)、冷凍藍莓120g、原味優格1個、牛奶300ml

**步驟**　1. 所有材料放入果汁機中，攪拌均勻後即可食用。

 **Lady's Tip**

● 依個人喜好和香蕉的甜度，可加入1大匙的蜂蜜或糖漿。
● 使用新鮮藍莓時，請加入4~5顆冰塊。
● 香蕉放太久會變黑，建議打好後馬上飲用。

# 優格百匯

富含乳酸菌的優格加入各式各樣的配料，
美味和營養都更加豐富。
以輕食料理來說，
是一點都不遜色的料理。

料理時間
5分

**材料** 香蕉1條、穀物脆片4~5大匙、原味優格2個、藍莓適量、綜合碎堅果1大匙（請參考第15頁）

**步驟** 1. 香蕉切成適合入口的大小。

2. 取一玻璃碗，依序放入穀物脆片、優格、香蕉、藍莓。

3. 所有材料放好後，灑入碎堅果即完成。

 **Lady's Tip**

• 材料和優格要依序放入，吃起來才美味。

• 灑上綜合堅果脆片後，就達到一日所需的堅果含量了。

*1st. Breakfast & Brunch Table*
*PART 2*

找回餐桌的悠閒時光
Brunch 10

Breakfast + Lunch = Brunch

早午餐就如同字面上的意思，可兼作早餐和午餐。

是因為這個原因嗎？

每逢周末，我都十分享受準備早午餐的樂趣。

在此介紹適合享受周末閒情的 10 種超簡單料理。

# 貝果佐
# 瑞可塔起司

這是一道早午餐常見的貝果搭配奶油乳酪。
比起奶油乳酪，瑞可塔起司吃起來較爽口沒負擔。
做成沾醬後，塗在貝果上，可以降低對卡路里攝取量的煩惱。

**材料**　貝果2個、瑞可塔起司100g、龍舌蘭糖漿2大匙、綜合碎堅果1大匙（請參考第15頁）

**步驟**　1. 取一打蛋器，將瑞可塔起司攪拌至柔軟。

　　　　2. 在①中，加入龍舌蘭糖漿和碎堅果混和均勻。

　　　　3. 將②的瑞可塔起司沾醬塗在貝果上即完成。

**Lady's Tip**

• 瑞可塔起司沾醬裝入密封容器後，放入冰箱冷藏可保存2~3天。

### Brunch Table 02

# 可頌三明治

料理時間
5分

用散發著奶油香氣的可頌所做成的三明治，其柔軟的口感讓人欲罷不能。
內餡可隨個人喜好變換，只要別放入帶有水分的材料即可。

**材料** 可頌2個、起司2片、火腿4片、小黃瓜1根、番茄醬1小匙

**步驟** 1. 取一削皮器,將黃瓜無籽的部分削成薄片狀。

2. 取一平底鍋,將火腿片稍微煎熱。

3. 可頌從中對半切開,塗上番茄醬備用。

4. 將火腿、起司和黃瓜片一一放入可頌中。

 **Lady's Tip**

• 小黃瓜可用菊苣、 蘿蔓生菜等蔬菜代替。

料理時間
10分

# 外餡三明治佐香菇洋蔥

這是一道將菇類和洋蔥拌炒後，放到麵包上的外餡類三明治（open sandwich）。
清甜高級的味道可謂極品，麵包切厚一點，吃起來才更有口感。

**材料** 黑麥麵包2塊、鴻喜菇1把、洋蔥1/2個、起司2片、橄欖油適量、義大利香醋
（Balsamic）適量、胡椒適量

**步驟** 1. 取一平底鍋，倒入橄欖油並放入鴻喜菇、洋蔥，再灑入現磨胡椒粒，
拌炒至熟。

2. 麵包灑上少許橄欖油，放上起司片後，再放上炒好的菇類和洋蔥，最
後淋上少許的義大利香醋即完成。

 **Lady's Tip**

• 也可將香菇、蘑菇、秀珍菇入料理，活用你喜歡的菇類吧！

# 培根洋蔥帕里尼三明治

料理時間
10分

這是一道麵包和餡料一次就能烤熟的帕里尼三明治。
溫熱的口感，每一口都留下濃厚的香氣。
起司融化在麵包夾層中，就成了好吃的醬料。

**材料** 吐司4片、洋蔥1/2個、培根8片、起司2片、芥末籽醬適量、胡椒適量

**步驟** 1. 將培根煎至金黃酥脆。

2. 洋蔥先拌炒一會兒，加入現磨胡椒粒後，再繼續炒。

3. 吐司塗上些許的芥末籽醬，並放上起司片。

4. 在③放上培根和炒好的洋蔥，再蓋上一片吐司。

5. 將④放到帕里尼烤盤中，烤至成形即可。

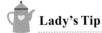 **Lady's Tip**

• 若家裡沒有帕里尼烤盤，可利用平底鍋和鏟子，將吐司壓扁烤一烤。

料理時間
10分

# 火鍋肉片沙拉

無負擔感的火鍋肉片炒過後，搭配沙拉一起吃，
就成了一道有飽足感的早午餐料理。
此道菜的重點在於，肉片僅用鹽巴和胡椒調味。

**材料** 火鍋用牛肉片120g、嫩葉2把、金桔4個、紅椒1/4個、黃椒1/4個、鹽巴1撮、胡椒適
量、醬油沾醬適量（請參考第15頁）

**步驟** 1. 牛肉灑上胡椒並用鹽巴調味，正反面翻炒至熟。

2. 蔬菜洗乾淨，切成適當大小。

3. 取一盤，均勻放入蔬菜和肉片，淋上醬油沾醬即完成。

**Lady's Tip**

• 依據各人喜好，選擇適合的醬油沾醬。

料理時間
15分

# 營養煎蛋餅

一般常見的歐姆蛋是把材料捲在蛋液中，
不過做起來有點困難。
營養煎蛋餅的做法不僅簡單，
還可一眼看出加了什麼食材。

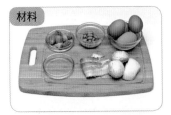

**材料** 雞蛋4顆、蘑菇2個、洋蔥1/2個、培根2片、焗豆2大匙、花椰菜1個、小番茄3個、胡椒粒適量、香芹適量、橄欖油適量

**步驟**
1. 將菇類、洋蔥、培根、花椰菜切成適當入口的大小。

2. 取一平底鍋倒入橄欖油，先炒洋蔥，再放入菇類、培根拌炒。

3. 炒好的材料擺放在鍋邊周圍。

4. 將雞蛋打入鍋中。

5. 四處放上小番茄、花椰菜、焗豆。

6. 擺動平底鍋，利用蛋白聚集所有的材料。

7. 灑上現磨的胡椒粒和香芹即完成。

 **Lady's Tip**

• 依個人喜好，蛋可做成半熟或全熟。蛋黃不要戳破，外觀看起來更漂亮。
• 想成是一個大型荷包蛋來料理即可。

# 法國吐司佐
# 蜜香蕉

料理時間
15分

吸滿柔軟蛋液的法國吐司搭配上蜜漬過的香蕉，
會讓人情不自禁地閉上眼睛享受，一道甜蜜的早午餐就此誕生。

**材料** 吐司2片、香蕉2條、雞蛋2顆、牛奶2大匙、奶油2大匙、蘭姆酒2大匙、龍舌蘭糖漿
1大匙、肉桂粉適量、糖粉適量

**步驟** 1. 取一大碗，雞蛋打散後過濾。再倒入牛奶混和，吐司放入碗中浸泡。

2. 香蕉切成適合入口的大小。

3. 取一平底鍋並塗上奶油，放入香蕉煎熟。

4. 香蕉半熟時，倒入蘭姆酒。

5. 龍舌蘭糖漿倒入④的鍋中，翻煮一下後關火。

6. 肉桂粉灑入⑤的鍋中，混和均勻後撈起。

7. 將①的吐司兩面煎至金黃色。

8. 取一大盤，擺上⑦的法國吐司和蜜漬過的香蕉，灑上糖粉即完成。

 **Lady's Tip**

• 蜜水果(Flambee)是一道將水果和甜醬料混和的法國料理。將水果加入酒精和糖粉
後，可當成早午餐或甜點食用。

• 根據香蕉的甜度進行調整，若覺得不夠甜，熬煮時可多加一點龍舌蘭糖漿。

• 放入蘭姆酒時，酒精隨著熱度揮發後，可帶出香蕉更深層的香味。

料理時間
25分

# 義式蔬菜烘蛋

義式蔬菜烘蛋（frittata）是將多種蔬菜和蛋液混和後，
放入烤箱烘烤的義大利式烘蛋。這道營養滿分的早午餐料理，
可均勻地攝取雞蛋和蔬菜的營養。

**材料** 雞蛋4顆、牛奶1/2杯、汆燙菠菜1把、法蘭克香腸1條、香菇1朵、小番茄2個、胡椒粒適量

**步驟** 1. 菠菜汆燙後，切成適當的大小。香腸、菇類、小番茄也切成適合入口的大小。

2. 取一大碗打散雞蛋，放入牛奶並灑上現磨胡椒粒。

3. 取一焗烤盤，內部塗上奶油。可戴上塑膠手套，塗起來更方便。

4. 所有材料均勻地放入③的容器中，倒入②的蛋液。

5. 烤箱預熱至180度，將④烤20分鐘左右。

6. 蓋上鋁箔紙，烤箱溫度調高至200度，最後再烤2分鐘左右。

 **Lady's Tip**

• 因為有加香腸，所以不用鹽巴調味亦可。

• 根據每個烤箱的狀況，烘烤的時間多少有點不同。

Brunch Table 09

# 自製鬆餅

不用外面常見的市售鬆餅粉，
而是使用親自調製的麵糊做成鬆餅。
少了鬆餅粉的乾澀感，反而多了鬆餅柔軟的厚實感。

**材料**　低筋麵粉100g、牛奶80ml、雞蛋1顆、砂糖30g、泡打粉1小匙

**步驟**　1. 將蛋黃蛋白分離。

2. 蛋白用螺旋打蛋器打散，放入砂糖後，打至起泡成蛋白霜。

3. 再取一碗，將蛋黃打散加入牛奶混和。

4. 在③中放入篩好的低筋麵粉和泡打粉，用木勺混和均勻。

5. 在④中分2~3次加入②的蛋白霜，再用木勺輕輕地混和，小心不要把泡泡弄不見。

6. 取一平底鍋倒入油，用廚房紙巾擦拭一下。

7. 開小火，取一飯匙的量倒入並煎熟。

8. 等鬆餅整面冒出泡泡時，翻面再煎。

 **Lady's Tip**

• 依個人喜好，可搭配糖漿或奶油食用。

## Brunch Table 10

# 班尼迪克蛋

料理時間
30分
|||

紐約知名的早午餐店中,絕不會少了班尼迪克蛋這道菜,現在在家中也可以自製享用了。
將雞蛋丟入滾水煮成水波蛋,是最能嚐到原始蛋香的煮法。
一開始做可能有點困難,不過多試幾次後,就能輕易地做出水波蛋。現在就來挑戰看看吧!

**材料** 英式瑪芬2個、雞蛋2顆、醋1大匙、培根2片
荷蘭醬：蛋黃1顆、奶油40g、白酒30ml、月桂葉1片、胡椒粒2~3顆、檸檬汁2大匙、
鹽巴1撮、胡椒粉適量

**步驟** 1. 荷蘭醬做法：取一鍋，放入蛋黃、檸檬汁、奶油，用小火熬煮。

2. 持續攪拌，避免蛋黃過熟或黏在鍋上。待變均勻時，再倒入白酒攪拌
1~2分鐘。

3. 在②的鍋中，放入月桂葉、胡椒粒、鹽巴、胡椒粉，持續攪拌至濃稠，
並持續保溫避免變硬。

4. 水波蛋做法：水加白醋煮滾，將雞蛋放在湯匙上，小心不要破掉。水
滾後轉小火，小心地讓雞蛋滑入鍋中，做成水波蛋。

5. 煮2~3分鐘為半熟，4~5分鐘為全熟，可依個人喜好選擇。蛋撈起後，
除去水分。

6. 英式瑪芬用烤箱烤2~3分鐘，培根用平底鍋煎熟。

7. 依序放上培根、水波蛋在瑪芬上，最後淋上③的醬料即完成。

**Lady's Tip**

• 湯匙上塗些食用油，雞蛋就可輕易地滑入鍋中。

# 簡單俐落的單盤料理

**PART 1**
**Noodle Table**

韓式泡菜香蒜義大利麵　　明太子螺旋麵

鰻魚蒜油義大利麵　　玉棋　　甜不辣串烏龍麵

海鮮辣什錦麵　　黃太魚涼拌麵　　海藻刀削麵

盤裝綜合蔬果涼麵　　黑豆漿麵線

咖哩飯

日式牛肉燴飯

小黃瓜壽司

韓式泡菜豆腐壽司

熱狗壽司

牛丼

小魚乾一口飯糰

辣味涼拌牡蠣拌飯

高麗菜包飯佐
堅果豆瓣醬

韓式泡菜炒飯

2nd. Lunch Table
PART 1

呼嚕嚕入口
健康好吃的一碗麵

想吃一頓無負擔且簡單的午餐嗎？
現在就來學不用煩惱配菜，無論是誰都能輕易上手的20道單盤料理吧！
在此介紹10道飯類、10道麵類料理，不僅做起來便利，洗碗更是輕鬆。
若是遇到周末，只需要再多準備一道菜，大家不妨可多加活用。
這是讓家人吃得更幸福的午餐料理食譜集錦，
首先介紹男女老少吃起來都無負擔的10道麵類料理。

先生的一句話

「俐落簡單只需一個碗！種類多樣吃不膩。」

## Lunch, Noodle Table 01

# 韓式泡菜香蒜義大利麵

料理時間
15分

使用蒜頭與橄欖油做出簡單的香蒜義大利麵，加上韓式泡菜呈現創意異國料理。
爽脆的泡菜讓義大利麵吃起來不油膩，是一道不需另搭配酸黃瓜的簡易料理。

**材料** 義大利麵200g、泡菜1/2把、蒜頭1瓣、橄欖油2大匙、鹽巴1撮、辣椒(小)1~2根、胡椒粒適量

**步驟** 1. 泡菜洗過切成丁狀，蒜頭切成片狀。

2. 取一大鍋裝水加鹽巴，放入義大利麵條煮6~7分鐘。

3. 取一平底鍋倒入橄欖油，放入蒜頭、辣椒炒香。

4. 泡菜放入③中，再一起拌炒。

5. 撈起煮好的義大利麵條，放入④中混和均勻。

6. 在⑤灑上現磨胡椒粒，翻炒一次便關火。

## Lunch, Noodle Table 02

# 明太子螺旋麵

料理時間
15分

鹹香明太子和螺旋麵的組合超有魅力，是讓人越吃越順口的義大利麵料理。
若想嘗試有特色的義大利麵，就來挑戰看看吧！

**材料**　螺旋麵（通心粉）200g、明太子50g、牛奶50g、奶油20g、胡椒粒適量、鹽巴適量

**步驟**　1. 取一大鍋裝水，加入少許鹽巴煮滾。水滾後，加入螺旋麵煮6分鐘左右。

2. 等麵煮熟的時間，先將明太子的卵挖出來並去掉外皮。

3. 將②的明太子和牛奶混和均勻。

4. 煮熟的螺旋麵和奶油一起拌炒至奶油全部融化。

5. 關火後，放入③攪拌均勻。

6. 灑上現磨胡椒粒和香芹粉即完成。

**Lady's Tip**

• 明太子已有鹹味，所以不需再用鹽巴調味。

# 鯷魚蒜油義大利麵

料理時間
15分

醃漬鯷魚是利用地中海一帶所產的鯷科類小魚所製成的，
味道和香味都十分類似韓國料理中經常出現的醃漬小魚。
台灣的大型超市中，現在也能輕易地購買醃漬鯷魚罐頭。鯷魚適合加在橄欖油義大利麵中，料理
時可多加運用。

**材料** 義大利麵200g、醃漬鯷魚4片、花椰菜5~6小塊、蒜頭2瓣、橄欖油4~5大匙、胡椒粒適量、鹽巴1撮、香芹適量

**步驟** 1. 取一大鍋裝水，加入鹽巴煮滾。水滾後，放入義大利麵煮6分鐘左右。

2. 等麵煮熟的時間，將花椰菜切成適合入口的大小，並將蒜頭切片、鯷魚切成小塊。

3. 取一平底鍋，倒入橄欖油炒香蒜頭。

4. ③傳出蒜頭香後，放入鯷魚一起拌炒。

5. 將煮熟的麵放入④中拌炒，最後加入花椰菜混和均勻。

6. 在⑤灑上現磨胡椒粒和香芹粉即完成。

**Lady's Tip**

• 可用煮完麵的水燙熟花椰菜。

**Lunch, Noodle Table 04**

# 玉棋

料理時間
35分

玉棋(Gnocchi)是用馬鈴薯和麵粉揉成義大利麵,類似台灣常見的麵疙瘩料理。
和一般的義大利麵相比,玉棋口感較厚實,可享受咀嚼的快感。
義式料理中,玉棋通常搭配戈爾根朱勒乾酪(Gorgonzola)製成的醬汁,
但由於一般家庭中很少有此種乾酪,因此可用常見的起司片替代。

**材料** 玉棋麵團：馬鈴薯200g、中筋麵粉100g、香芹粉1大匙、鹽巴1撮
橄欖油1大匙（避免沾黏用）、橄欖油2大匙（拌炒用）、洋蔥1/2個、蒜頭2瓣、橄欖5顆、
牛奶100ml、起司1片、莫札瑞拉起司1片、鹽巴（煮麵用）少許、胡椒粒少許

**步驟** 1. 馬鈴薯煮熟後，取一大碗，用叉子壓碎。

2. 洋蔥切成適合入口的大小，蒜頭切成片狀。

3. 在①中加入麵粉、香芹粉、鹽巴揉成麵團。

4. ③的麵團揉至有彈性後，搓成長條形。

5. 麵團切成1cm大小，用叉子將小麵團壓扁並印出玉棋的紋路。

6. 取一大鍋裝滿水，放入些許鹽巴煮滾。水滾後，煮熟玉棋。

7. 撈起玉棋，加入橄欖油攪拌一下，避免互相沾黏。

8. 取一平底鍋，倒入橄欖油炒香蒜片。

9. 在⑧的鍋中加入洋蔥和橄欖，用小火拌炒。

10. 在⑨的鍋中加入牛奶煮至水滾，再撕碎起司片加入鍋中，待其融化。

11. 將⑦的玉棋放入⑩中，混和均勻後灑上胡椒粒。

12. 莫札瑞拉起司撕小片放入⑪中，混和均勻後關火。

 **Lady's Tip**

• 玉棋丟入滾水煮時，當一顆顆浮上來就代表煮熟了。

料理時間
10分

# 甜不辣串烏龍麵

湯頭利用日式滋優鮮露（つゆ）提味，讓烏龍麵湯頭更加香甜。
依個人喜好，可加入炸物、油豆腐、海鮮等不同配料，
就成了各式各樣的烏龍麵料理，10分鐘內就可料理完成！
現在就來介紹這道容易製作的甜不辣串烏龍麵。

材料

**材料** 湯頭（請參考第14頁）900ml、日式滋優鮮露120ml、烏龍麵條2人份、魚板2串
綜合魚丸1把、蔥花4大匙

**步驟**　1. 取一大鍋，倒入湯頭和滋優鮮露。

　　　2. 水滾後，加入麵條約煮2分鐘。

　　　3. 放入甜不辣串，再煮1分鐘。

　　　4. 取一碗，倒入烏龍麵和甜不辣串，最後倒入湯汁。

# 海鮮辣什錦麵

料理時間
35分

一下起雨，就讓人想起什錦麵的辣湯。近來因各種人工調味料，
總讓人無法安心吃外食。若找不到實在的店家，不妨試著在家煮什錦麵來吃吧！
放入大量的海鮮搭配上1人份麵條，做成湯類料理品嚐吧！

 材料

 3

 4

 5

 6

**材料** 烏龍麵1人份、章魚1/2尾、蝦子3隻、蛤蠣10~12個、香菇1朵、青江菜1顆、大白菜5片、洋蔥1/2個、青陽辣椒1根、乾辣椒4根、大蔥1/2根、湯頭4杯（請參考第14頁）、辣椒粉3大匙、蒜末1大匙、醬油1大匙、牡蠣醬1大匙、清酒1大匙、食用油2大匙

**步驟** 1. 章魚切成適合入口的大小，蝦子和蛤蠣洗淨備用。

2. 香菇、洋蔥、大蔥、青陽辣椒切一切，白菜切成3等份，青江菜對半切開備用。

3. 麵放入滾水中煮2分鐘，撈起備用。

4. 取一平底鍋倒入油，開小火炒香蒜片後，放入乾辣椒混和，再放入洋蔥和辣椒粉拌炒。

5. 在④中放入處理好的章魚、蝦子、蛤蠣，倒入清酒拌炒，接著放入牡蠣醬。

6. 在⑤中加入湯頭，放入香菇、青陽辣椒後，開大火煮5分鐘。

7. 用醬油調味，放入大蔥、青江菜、大白菜後，再煮1分鐘。

8. 在⑦中加入事前煮熟的麵，滾1分鐘後便可呈盤。

# 黃太魚涼拌麵

料理時間
15分

黃太魚乾卡路里低，不需擔心變胖的問題，更不含膽固醇是相當好的食材。
黃太魚不僅適合做成涼拌類小菜，更可做成涼拌麵，吃起來別有一番風味。

**材料** 素麵2人份、黃太魚乾50g、洋蔥1/2個、水1/2杯

黃太魚調味醬：辣椒醬1大匙、辣椒粉1小匙、梅精1大匙、龍舌蘭糖漿1/2大匙、醬油1小匙、蒜末1/2小匙、蔥花1大匙、香油1/2大匙、芝麻適量

素麵調味醬：醋辣醬2大匙、辣椒粉1大匙、醬油2大匙、梅汁3大匙、香油1大匙、芝麻適量

**步驟**
1. 取一磨泥板，將洋蔥磨成泥狀。黃太魚乾切成適合入口的大小。

2. 將①的洋蔥泥加水，放入黃太魚浸泡。

3. 泡10分鐘後，擠乾黃太魚的水分，加入調味醬混和均勻。

4. 素麵煮熟後，用冷水洗一洗並去除水分。

5. 在④的素麵中加入調味料，並混和均勻。

6. 取一碗，放上素麵和黃太魚乾。

 **Lady's Tip**

● 黃太魚乾若用白開水泡發，其特有的香味會變淡；若與洋蔥泥一起泡發的話，洋蔥泥則可保留魚乾的香味。在泡發的過程中可稍微攪拌一下，讓魚乾均勻膨脹。

# 海藻刀削麵

料理時間
15分

海藻只生長在清淨海域，為低脂肪、低卡路里的無汙染食品。

除外，海藻能幫助減肥，並含有豐富鈣質。

煮成湯後，柔軟的口感讓人不自覺地一口接一口，但因容易燙傷嘴，所以吃時要格外地小心。

將海藻切細，吃起來就更加方便了。

材料　刀削麵2人份、湯頭8杯（請參考第14頁）、海藻1把、櫛瓜1/3條、洋蔥1/4個、青陽辣椒1/2個、鰹魚露1大匙、魚露1/2大匙

步驟　1. 準備2個鍋子，一個用來煮湯，一個用來煮麵。

2. 海藻放在水中搖晃洗淨，用濾網瀝乾水分後，切成適當大小。

3. 櫛瓜、洋蔥和青陽辣椒切成適合入口的大小。

4. 湯頭煮滾後，放入③的蔬菜。

5. 洋蔥變透明後，把另一個鍋子中的麵撈過來。

6. 在⑤中放入海藻煮到滾起來後，加入鰹魚露和魚露調味，關火即完成。

 **Lady's Tip**

• 海藻本身就有鹹味，所以不需加太多調味料。先用鰹魚露調味，若覺得不夠鹹，最後再加魚露。

# 盤裝綜合蔬果涼麵

料理時間
25分

盤中裝滿香甜的水果和新鮮的蔬菜，搭配上涼麵和沾醬，光用看的就讓人口水直流。
此道料理雖簡單，但用來招待客人可是一點都不失顏面。
今天就邀請好友來家中，一起享用這道盤裝綜合蔬果涼麵吧！料理過程相當簡單。

**材料** 材料 素麵2人份、紅椒1/4個、黃椒1/4個、蘋果1/2個、苜蓿芽1把、嫩葉1把、奇異果1個、
金桔3個、鶴鶉蛋10個
調味料：醋辣醬5大匙、辣椒粉3大匙、奇異果汁4大匙、蒜末1大匙、梅子汁2大匙、
穀物糖漿3大匙、荏胡麻粉1大匙、芝麻適量

**步驟** 1. 取一磨泥板，將奇異果磨成液狀，與所有的調味料食材混和均勻。

2. 鶴鶉蛋煮熟去殼。

3. 素麵煮熟後，用冷水洗一洗並去除殘留的水分。

4. 所有水果、蔬菜切成適合入口的大小。

5. 取一大盤，所有配料圍成一大圈，中間放入素麵。調味料另外裝，等
到要吃之前再淋上。

 **Lady's Tip**

• 依個人喜好，麵線的配料可以自行調整。

# 黑豆漿麵線

想來一碗豆漿麵線時，在家也可以簡單料理即時享用。
不需等豆子泡發，用豆腐和牛奶即可做成超簡單的豆漿拉麵，記得用可生食的豆腐來料理喔！

**材料** 素麵2人份、可生食黑豆腐2盒（約280g）、牛奶400ml、綜合穀粉1大匙、鹽巴1撮、冰
塊4~5個、海苔絲少許

**步驟** 1. 豆腐、牛奶、綜合穀粉用攪拌機打碎混和。

2. 將①放入冰箱冷藏至冰涼。

3. 素麵煮熟用冷水洗一洗，並去除多餘的水分。

4. 取一碗，倒入麵線和冰涼的黑豆漿汁，接著再放入冰塊。

5. 用海苔絲裝飾即完成。依個人喜好，可加入少許鹽巴。

 **Lady's Tip**

- 依照上方食譜，可做出口感濃厚的黑豆漿麵。若不喜歡濃稠的湯頭，牛
  奶的量可增至500ml。

*2nd. Lunch Table*

*PART 2*

超有飽足感的
飯類食譜

對我們來說，一餐沒吃白飯，就像是少了什麼一樣的空虛。
即使隻身在外，也想煮飯來吃，
在此介紹超有飽足感的飯類食譜。

# 咖哩飯

料理時間
20分

趁著整理冰箱之際，我通常會煮咖哩來吃。
由於每次加的食材都不太一樣，所以可用各種方式來享用咖哩的美味。
加入肉或蝦子的咖哩固然好吃，但只放蔬菜的咖哩飯吃起來也相當的爽口。

**材料** 咖哩塊4塊、洋蔥1/2個、馬鈴薯1個、小番茄4個、櫛瓜1/4條、
食用油1大匙、水適量

**步驟** 1. 所有食材切成適合入口的大小，小番茄劃刀，呈現些許裂痕。

2. 取一平底鍋倒油，放入洋蔥炒一炒。

3. 待洋蔥變成咖啡色後，先放入最慢熟的馬鈴薯一起拌炒，並加入2~3大
匙的水。

4. 馬鈴薯半熟後，加入剩下的所有食材。

5. 在④中，放入切小的咖哩塊後關火，持續翻動蔬菜混和均勻。

6. 咖哩融化後重新開火，倒水直到淹過所有食材。

7. 咖哩煮滾後，瓦斯爐轉至小火，攪拌至適當濃度後，關火即完成。

 **Lady's Tip**

• 洋蔥若充分地翻炒能提升料理的美味程度。

• 加入小番茄，讓咖哩的風味更加濃厚。

• 放入咖哩塊時要先關火，咖哩才較容易均勻融化。

料理時間
20分

# 日式牛肉燴飯

日式牛肉燴飯（Hayashi Rice）為深咖啡色，
和一般的咖哩飯相比，有著更加濃厚的奶油香。

材料

2

3

4

5・6

**材料**　日式燴飯塊3塊、水1+1/2杯、番茄醬1大匙、牛肉片（火鍋用）1把、洋蔥1個、食用油
1大匙、胡椒粒適量

**步驟**　1. 洋蔥和牛肉切成適當大小備用。

2. 取一平底鍋倒油，放入洋蔥炒一炒。

3. 待洋蔥變透明後，放入牛肉鋪平拌炒並灑上胡椒粒。

4. 肉炒熟後，倒水煮至滾。

5. 在④中加入燴飯塊，轉小火慢熬。

6. 加入番茄醬，持續攪拌避免黏鍋，等到濃度適中後，關火即完成。

料理時間
10分

# 小黃瓜壽司

清脆爽口的小黃瓜是刺激食慾的好食材。
身心疲乏或心情不好時，特別推薦這道料理給大家。

**材料** 飯2人份、小黃瓜2條、蟹肉棒100g、美乃滋1/2大匙、芥末1/2小匙、越南春捲醬汁適量、苜蓿芽適量

**步驟** 1. 小黃瓜用削皮器削成薄片，只使用沒有籽的部分。

2. 蟹肉棒撕成一條一條，用美乃滋和芥末調味。

3. 抓取一口大小的白飯，捏成型並用①的小黃瓜片捲起來。

4. 越南春捲醬汁用小茶匙撈起，淋到白飯上面。

5. 調味好的蟹肉放到④上，最後用苜蓿芽裝飾即完成。

 **Lady's Tip**

• 將酸甜的越南春捲醬汁淋在壽司上，飯就不需另外調味了。

料理時間
25分

# 韓式泡菜豆腐壽司

若想嘗試簡單又特殊的壽司，不妨選用清淡豆腐和爽脆泡菜當食材。
軟嫩的豆腐搭配鹹辣的泡菜和美味的海苔，三者間融合出的美味不需多做解釋。

**材料**　壽司海苔2片、白飯2人份、香油1小匙、黑芝麻1撮、豆腐1/4塊、泡菜2片、芝麻葉6
片、火腿4片

**步驟**　1. 取一大鍋，飯用香油和黑芝麻調味。

2. 火腿片泡在熱水中，去除多餘的油分。

3. 豆腐切成長條狀，外皮煎至酥脆。

4. 輕甩掉泡菜上的醬料，不用切成小塊。

5. 取一壽司捲簾，放上海苔和適量白飯。

6. 將3張芝麻葉放到白飯上，接著再擺上2片火腿。

7. 取一泡菜擺在⑥上，並放上豆腐。

8. 將⑦捲起，切成一口大小。

料理時間
25分

# 熱狗壽司

壽司中間出現圓滾滾的熱狗,模樣相當可愛。
記得選用不鹹的熱狗,這樣吃起來才清淡。

材料

1

5

**材料** 壽司海苔2片、白飯2人份、香油1小匙、黑芝麻1撮、法蘭克熱狗2條、雞蛋2顆、芝麻葉6片、白蘿蔔泡菜8片

**步驟** 1. 熱狗放入滾水汆燙備用,蛋白蛋黃分離後,煎成蛋皮。

2. 白飯用香油和黑芝麻調味。

3. 取一壽司捲簾,放上海苔和適量白飯。

4. 將3張芝麻葉放到白飯上,接著再擺上4片白蘿蔔泡菜。

5. 各放上1張蛋白皮、蛋黃皮,最後放上熱狗捲起,切成一口大小。

 **Lady's Tip**

• 壽司中的白蘿蔔吃起來有醃漬黃蘿蔔片的效果。白蘿蔔泡菜放4片就可以,但若喜歡清脆口感,多放幾片也無妨。

料理時間
10分

# 牛丼

牛丼即為日式牛肉蓋飯，醬汁浸到白飯的濕潤口感，正是其魅力所在。
不僅可以填飽肚子，做起來也方便簡單。

**材料** 白飯2人份、牛肉片200g、洋蔥1/2個、糖1/2大匙、醬油1+1/2大匙、味醂1大匙、水 60ml

**步驟** 1. 取一鍋，放入牛肉並用筷子拌炒至熟。

2. 牛肉不再是紅色時，放入洋蔥一起拌炒。

3. 洋蔥變透明後，依序放入糖－醬油－味醂持續拌炒。

4. 在③中倒水，轉中火煮滾，水分逐漸收乾後關火。

5. 取一碗裝白飯，放入④的肉、洋蔥和湯汁，使白飯濕潤。

 **Lady's Tip**

• 若喜歡日式的鹹甜口感，糖可再多加1/2大匙。

料理時間
15分

# 小魚乾一口飯糰

小菜中常出現的小魚乾，可用來做成小飯糰，
不僅步驟簡單，更可充分攝取鈣質。

材料

**材料** 白飯2人份、小魚30g、碎核桃10g、食用油1小匙、醬油1/2小匙、龍舌蘭糖漿1小匙、
香油1/2小匙、芝麻適量

**步驟** 1. 取一平底鍋，僅放入小魚後，炒至金黃。

2. 炒好的小魚用網子過篩，去除雜質。另將平底鍋擦拭乾淨。

3. 將②的小魚和碎核桃放到乾淨的平底鍋上，轉小火拌炒。

4. 在③中放入油、醬油、糖漿，關火後混和均勻。

5. 飯中加入④的乾炒小魚、香油和芝麻混和，捏成一口大小的飯糰。

料理時間
15分

# 辣味涼拌牡蠣拌飯

酸酸甜甜的牡蠣放到白飯上後拌勻，
入口即可感受鮮味在嘴中流竄，讓人食慾大增。

**材料** 白飯2人份、牡蠣300g、洋蔥1/3個、青蔥2根、醋辣醬3大匙、糖2大匙、韓式味噌（大醬)1小匙、蒜末1撮、香油2~3滴

**步驟** 1. 牡蠣洗淨，瀝乾多餘的水分。

2. 洋蔥和青蔥切成條狀。

3. 取一大碗，依序放入醋辣醬、糖、大醬、蒜頭、①的牡蠣、②的洋蔥和青蔥，再輕輕地拌勻。

4. 取一碗白飯，放上適量③的涼拌牡蠣，灑上幾滴香油即完成。

料理時間
10分

# 高麗菜包飯佐
# 堅果豆瓣醬

高麗菜蒸熟後，不僅口感軟嫩，味道也很清甜，搭配堅果豆瓣醬更是好吃。
除外，高麗菜還能幫助消化和舒緩腸胃。
韓式豆瓣醬和碎堅果混和後，吃起來就不那麼鹹，可放心地享用此道健康料理。

**材料** 白飯2人份、高麗菜半顆、韓式味噌（大醬）4大匙、辣椒醬2大匙、麻油1/2大匙、蒜泥
適量、蔥花適量、綜合碎堅果2大匙（請參考第15頁）

**步驟** 1. 高麗菜去芯放入蒸鍋，蒸4~5分鐘左右。

2. 將大醬、辣椒醬、麻油、蒜末、蔥花和碎堅果混和均勻。

3. 鋪平蒸好的高麗菜，放上適量白飯。

4. 捲起③，切成一口大小並放上適量的堅果豆瓣醬即完成。

料理時間
15分

# 韓式泡菜炒飯

泡菜炒飯做法相當簡單，就算沒有其他配菜，仍讓人吃得津津有味。
在此介紹超簡單的泡菜炒飯做法。

材料

1

2

3

**材料** 白飯2人份、泡菜100g、法蘭克熱狗1個、麻油1大匙、食用油1/2大匙、雞蛋2顆、芝麻少許

**步驟** 1. 泡菜切丁，加入麻油和食用油揉一揉。熱狗同樣切丁狀。

2. 取一平底鍋，放入泡菜炒一炒，接著加入熱狗丁。

3. 泡菜炒到乾，放入白飯一起炒。

4. 煎顆荷包蛋。

5. 將泡菜炒飯裝盤，放上③的荷包蛋即完成。

**Lady's Tip**

• 若想吃清爽口感的炒飯，就先把泡菜上的佐料弄乾淨再炒。

• 飯要炒到當勺子插在飯上時，可輕易把飯分開的程度，這樣飯粒才不會黏在一起。

# 讓身心都平衡的健康晚餐餐桌

薺菜大醬湯

嫩豆腐鍋

豆渣鍋

紫蘇海帶湯

蘿蔔葉紫蘇大醬湯

辣味燉雞

韓式醬燒牛肉

醬烤黃太魚

蔬菜炒綜合菇

橡子涼粉佐涼拌泡菜

紅燒豆腐

排骨泡菜鍋

馬鈴薯辣醬鍋

清麴醬湯

日式涮涮鍋

綜合魚板火鍋

綜合鮮菇火鍋

辣醬燒香菇

宮廷炒年糕

紫蘇葉煎餅和酥脆辣椒
煎餅

## 3rd. Dinner Table

讓身心都平衡的
健康晚餐餐桌

度過了被追趕的一日後，熱騰騰的菜餚總讓人期待不已。
特別是啵啵作響的熱湯配上一碗白飯！
在此介紹能補充元氣的豐盛晚餐食譜。
即便不華麗且沒有各式各樣的配菜，
也要試著擺出一桌溫暖且能撫慰人心的料理！
只要有誠意和愛心，這20種主菜食譜就能讓晚餐吃起來像蜜一般的香甜。

先生的一句話

「只要一想到家裡有太太用誠意和愛心準備的晚餐，總會不自覺地加快下班的步伐。」

## Dinner Table 01
# 薺菜大醬湯

料理時間
15分

美味的大醬湯加入散發香氣的薺菜，可讓人元氣大增。
這道療癒系料理特別適合春天或身體容易感到疲倦時享用，用香氣十足的薺菜來轉換心情吧！

**材料**　湯頭 3 杯（請參考第 14 頁）、薺菜 1 把、櫛瓜 1/4 條、香菇 1 朵、豆腐（小）1/2 塊、青陽辣椒 1/2 根、大蔥適量、大醬 1+1/2 大匙、辣椒醬 1/2 小匙

**步驟**　1. 薺菜洗淨後，拔除過粗的枝葉。

2. 將櫛瓜、香菇、豆腐、大蔥、青陽辣椒切成適合入口的大小。

3. 鍋中的湯汁煮滾後，放入②的所有材料。櫛瓜熟透後，加入大醬和辣椒醬並混和均勻。

4. 將③的湯汁煮到滾上來，再加入薺菜，蓋上鍋蓋關火。

 **Lady's Tip**

• 薺菜最後加入，才能保留住其香氣。

料理時間
25分

# 嫩豆腐鍋

想來道熱騰騰的料理時，不妨試試軟嫩的豆腐鍋，
淋在飯上拌一拌吃下肚，一股暖流馬上竄滿全身。
加上一顆雞蛋，吃起來更有飽足感。

**材料** 嫩豆腐1條、泡菜150g、蚵仔5~6個、高湯1杯（請參考第14頁）、大蔥適量、雞蛋2顆
調味料：辣椒粉2大匙、食用油2大匙、蒜末適量

**步驟** 1. 用刀子切開嫩豆腐包裝中間，取出嫩豆腐並放在濾網上瀝乾水分。

2. 取一平底鍋，放入辣椒粉、食用油、蒜末（調味材料），開小火慢慢地拌炒，小心不要焦掉。

3. 飄出辣椒粉香味後，把②撈起，放入泡菜炒一炒。

4. 取一砂鍋，放入③的泡菜和高湯煮滾。

5. 放入去除水分的嫩豆腐、炒好的調味料、大蔥，再一次煮到水滾上來。

6. ⑤的材料滾到冒泡後，放入蚵仔和雞蛋，然後關火。

 **Lady's Tip**

• 嫩豆腐不要弄碎，而是一塊塊放入，這樣湯看起來才不會很雜亂。

• 開始料理的20~30分鐘前，先將嫩豆腐放在濾網上瀝乾水分，煮出來的湯頭才不會有雜質。

**Dinner Table 03**

# 豆渣鍋

料理時間
20分

豆渣雖然是製作豆腐時剩下的副產品，但依然富含營養，不比豆腐來得差。
清香的豆渣和泡菜做成的豆渣鍋吃起來清甜爽口且有飽足感。
這道能充分攝取到蛋白質的豆渣鍋，記得先呼呼吹涼後，再慢慢地享用吧！

**材料** 黃豆渣150g、泡菜150g、豬五花60g（醃料：味醂1大匙、辣椒粉1小匙、蒜末適量）、青陽辣椒1根、大蔥適量、高湯2杯（請參考第14頁）、食用油適量、天然鹽少許

**步驟** 1. 豬五花切成適當大小，用味醂、辣椒粉、蒜末稍微醃一下。將泡菜、辣椒和大蔥切一切。

2. 取一鍋倒油，放入醃好的豬肉炒一炒，接著放入泡菜一起炒。

3. 泡菜變透明後，倒入1杯的高湯煮至大滾。

4. 放入豆渣和剩下的1杯高湯至③中，開中火煮5分鐘，一邊攪拌一邊等水滾。

5. 放入青陽辣椒和大蔥，煮到水滾上來並用天然鹽調味。

 **Lady's Tip**

• 先將豬五花醃入味，使豆渣鍋的口感更加豐富。

料理時間
25分

# 排骨泡菜鍋

肋排（排骨）在西洋國家稱為「Rib」，雖然大部分出現在BBQ料理中，
但將它加在熱騰騰的泡菜鍋中，吃起來也別有一番風味。

**材料** 煮熟的排骨10根、泡菜12片、青辣椒1根、高湯8大匙（請參考14頁）、泡菜湯汁1/2杯、
蒜末1小匙、辣椒粉1/2大匙、糖1/3大匙

**步驟** 1. 取10片的泡菜葉備用，剩下的2片切成適當大小，也將青辣椒切一切。

2. 高湯中，加入泡菜湯汁、蒜末、辣椒粉和糖混和均勻。

3. 將（10片）泡菜葉鋪平，放上排骨後一一捲起。

4. 鍋底放入剩餘切碎的泡菜。

5. 接著放上捲好的泡菜排骨。

6. 將②倒入⑤的鍋中，放上①的青辣椒，煮滾後即完成。

 **Lady's Tip**

• 選擇和排骨寬度差不多的泡菜，捲起來更方便。

• 煮排骨的方式請參考第232頁的烤肋排。

**Dinner Table 05**

# 馬鈴薯辣醬鍋

放入大量圓滾飽滿的馬鈴薯和清爽櫛瓜的辣醬鍋，
是想來碗香辣到冒煙的熱湯時之最佳選擇，而且做法也相當簡單。
此道讓人聯想到露營時，煮湯來喝的那番滋味，令人感到加倍幸福。

**材料** 高湯2杯（請參考第14頁）、辣椒醬1大匙、大醬1/2大匙、蒜末適量、馬鈴薯1個、洋蔥1/2個、櫛瓜1/4條、金針菇少許、青陽辣椒1根、大蔥適量、胡椒粉1撮

**步驟** 1. 將馬鈴薯、洋蔥、櫛瓜、青陽辣椒和大蔥切成適當大小，金針菇撕成易入口的大小。

2. 取一鍋，倒入高湯煮至滾，再放入馬鈴薯。

3. 待馬鈴薯半熟後，放入①的其他材料。

4. 在③中放入大醬和辣椒醬打散，接著放入蒜末和辣椒粉，煮到水滾。

料理時間
15分

# 清麴醬湯

充滿鄉村風味的好吃清麴醬湯是隨著年紀增長，我個人越來越喜歡的一道料理。
清麴醬有著各種對身體有益處的成分，撈起一大匙湯拌飯，可同時療癒身體和心靈。

**材料** 高湯3匙(請參考第14頁)、清麴醬150g、泡菜50g、豆腐1/4塊、金針菇1把、櫛瓜1/4條

**步驟** 1. 泡菜切碎，豆腐和櫛瓜切成適當大小，金針菇同樣撕成適當大小。

2. 取一砂鍋，高湯煮滾後，放入泡菜和櫛瓜。

3. 待泡菜變成透明色，放入清麴醬。

4. 再次煮滾後，放入豆腐和金針菇，最後關火。

**Dinner Table 07**

# 紫蘇海帶湯

料理時間
20分

有助清血排毒的海帶湯加上香氣十足的紫蘇粉，料理的美味和營養同時加倍。
胡麻海帶湯味道不刺激，鮮甜的味道可說是極品。

**材料** 高湯6杯（請參考第14頁）、泡發的海帶2把、香菇2朵、紫蘇粉4大匙、醬油2大匙、麻油1大匙、蒜末適量、鹽巴1撮、胡椒適量

**步驟** 1. 將事先泡發的海帶切成適當大小，香菇切成片狀。

2. 將①的海帶加入醬油、紫蘇粉後揉一揉。

3. 取一鍋，蒜末和麻油用小火拌炒，小心不要炒焦。

4. 將②加入③中拌炒。

5. 海帶炒到足夠柔軟後，放入香菇。

6. 將高湯倒入⑤的鍋中，開大火煮滾。

7. 湯煮滾後，轉小火燉煮，過一會兒後加入鹽巴和胡椒調味。

# 蘿蔔葉紫蘇大醬湯

因為含有紫蘇且有香噴噴的大醬，因此讓我想介紹這碗鮮味十足的湯。
吃完後，讓連內心都感到滿足的蘿蔔葉紫蘇大醬湯，現在就來挑戰看看吧！

**材料**　高湯（請參考第14頁）、已燙好的乾蘿蔔葉200g、大醬1大匙、蒜末適量、紫蘇粉3大匙、
青蔥適量

**步驟**　1. 蘿蔔葉切成適當大小，青蔥切成蔥花。

2. 取一鍋倒入高湯，水滾後加入大醬和蒜末。

3. 在②中，放入蘿蔔葉。

4. 蘿蔔葉在鍋中散開後，放入紫蘇粉，再把火轉小。

5. 將④的食材煮到滾後，放入青蔥並關火。

料理時間
35分

# 辣味燉雞

當老公特別沒精神時，為他做道辣味燉雞吧！
以醬油提出香甜味，加入辣椒粉和乾辣椒，
試著幫老公打起精神吧！

**材料** 雞1隻(醃料：味醂1大匙、胡椒適量)、馬鈴薯1個、洋蔥1個、芝麻葉8片、大蔥1根、乾辣椒3根、醬油2大匙、辣椒粉1/2大匙、蠔油1小匙、糖1大匙、蔥花1大匙、蒜末1小匙、香油1小匙、食用油適量、水1杯

**步驟** 1. 雞肉用味醂和胡椒調味後靜置。

2. 將馬鈴薯、洋蔥、大蔥切成適當大小，芝麻葉切成細絲後，辣椒對半切開。

3. 取一平底鍋倒入油，開中火將雞肉煎至酥脆。

4. 在③中放入乾辣椒爆香。

5. 在④中放入馬鈴薯後，倒入醬油、辣椒粉、蠔油、糖、蔥花和蒜末。

6. 馬鈴薯煮熟後，放入洋蔥和大蔥煮至滾。

7. 最後加入芝麻葉和香油，用勺子翻動一下並關火。

**Lady's Tip**

• 購買食材時，選已經切好的雞肉塊，料理起來更輕鬆。

# 日式涮涮鍋

根據個人喜好，涮涮鍋可放入各種的蔬菜。
由於可以吃到食材最原始的味道，是我們全家人最喜歡吃的料理之一。
準備好各種材料後，看起來就是一頓豐盛的晚餐呢！

材料

**材料** 高湯4杯（請參考第14頁）、鰹魚露2大匙、牛肉片（火鍋用）400g、大白菜4~5片、青江菜1把、香菇2朵、蝦子2隻、豆腐1/4塊、大蔥適量、烏龍麵1份

**步驟** 1. 將所有食材切成適當大小備用。

2. 取一鍋倒入高湯，水滾後選擇想吃的食材入鍋，燙熟後即可食用。

3. 湯頭不夠時，加入備用的高湯。

4. 最後再放入烏龍麵。

 **Lady's Tip**

• 多準備 1~2 杯的高湯，當湯頭不夠時可再加入。

# 綜合魚板火鍋

料理時間
25分

**材料** 高湯4~5杯（請參考第14頁）、魚板串2條、綜合魚板1/2把、年糕1/2把、餃類2個、香菇1朵、青陽辣椒1根、大蔥適量、魚露1大匙

**步驟** 1. 餃類先蒸熟，辣椒和大蔥切好備用。

2. 取一鍋具，放入魚板、年糕、餃子、香菇和辣椒，倒入足量的高湯。

3. 水滾後，依喜好加入適量的魚露。灑上大蔥後，把火轉小。

4. 鍋子移放到攜帶用瓦斯爐上，開小火保溫，即可開始享用。

 **Lady's Tip**

• 可以當主餐食用，也可以拿來當下酒菜。

# 綜合鮮菇火鍋

放入菇類的火鍋邊滾邊吃，
直到吃完還是覺得暖呼呼的。
加入各種的菇類，
可讓餐桌看起來更加豐盛。

料理時間
25分

**材料** 高湯3杯（請參考第14頁）、香菇2朵、金針菇1把、秀珍菇1把、杏鮑菇1個、鴻喜菇2把、
蘑菇1個、洋蔥1/4個、大蔥1根、艾草葉適量、鰹魚露1大匙、鹽1撮、胡椒適量

**步驟** 1. 將菇類、洋蔥、大蔥切成適當大小。

2. 取一鍋，放入菇類、洋蔥和大蔥。

3. 倒入高湯，瓦斯爐開大火。

4. 湯煮滾後轉中火，撈除湯面上的泡沫，再放入大蔥。

5. 加入鰹魚露、鹽巴、胡椒調味。

# 韓式醬燒牛肉

料理時間
30分

將牛排切成小塊和調味料一起拌炒成醬燒牛肉。
這道雖是西式調味，不過我加入青辣椒做成韓式口味，
此料理適度的香辣口味十分下飯。

**材料**　去骨牛小排100g、青辣椒1把、月桂葉1片、胡椒粒適量、鹽1/2撮
　　　　醬料：水1/2杯、紅酒2大匙、蠔油1大匙、龍舌蘭糖漿1+1/2大匙

**步驟**　1. 牛肉切成適當大小，青辣椒用叉子戳洞，幫助調味料入味。

　　　　2. 取一平底鍋放入牛肉，灑上現磨胡椒和鹽巴煎炒。

　　　　3. 牛肉熟至一定程度後，放入青辣椒和調味料，轉小火熬煮。

　　　　4. 最後放入月桂葉，待醬料收乾到一定程度後，關火呈盤即完成。

 **Lady's Tip**

• 依個人口味，醬料可多加1大匙的番茄醬。

料理時間
30分

# 醬烤黃太魚

這是一道雖具嚼勁，但能輕易咀嚼的烤黃太魚。
魚乾塗上濕潤的美味醬料，不僅營養滿分且超級下飯。
好想在熱騰騰的白飯上來片醬烤黃太魚，今天的晚餐就吃這個如何？

**材料**　黃太魚乾1尾、洋蔥1/2個、水1/2杯、切碎的青蔥1大匙、食用油2大匙、香油2~3滴、芝麻適量

　　　　**醬料：**辣椒醬1大匙、醬油1小匙、穀物糖漿1/2小匙、青陽辣椒1/2根

**步驟**　1. 洋蔥弄成泥狀，鋪在黃太魚乾上，放入水中泡發魚乾約10分鐘左右。

　　　　2. 辣椒切成丁狀，和辣椒醬、醬油、糖漿混和均勻，再製成醬料。

　　　　3. 將泡發的魚乾，用剪刀剪去魚頭、魚尾和魚鰭。

　　　　4. 魚乾切成4~5等份。

　　　　5. 魚乾翻到背面，塗上②的醬料。取一平底鍋，倒油轉中火並放入魚乾，從魚皮部分開始煎。

　　　　6. 待魚皮煎至金黃酥脆後，轉小火並將魚翻面到塗有醬料那面繼續煎。

　　　　7. 黃太魚煎得差不多後呈盤，淋上香油和芝麻。

 **Lady's Tip**

● 煎魚時須隨時調整火侯，小心醬料不要焦掉。

料理時間
10分

# 蔬菜炒綜合菇

營養滿分的菇類和各種的蔬菜一起炒,味道和營養都變得更豐富了!
在此介紹活用冰箱剩餘食材所做出的熱炒料理。

**材料**　鴻喜菇1包、金針菇1把、紅椒1/4個、黃椒1/4個、紅蘿蔔1/4個、食用油1大匙、蠔油1/2小匙、番茄醬1/2小匙、胡椒少許

**步驟**　1. 菇類切成適當大小後,紅黃椒和紅蘿蔔切成條狀。

2. 取一平底鍋倒入油,放入紅黃椒和紅蘿蔔拌炒。

3. 在②中加入蠔油和番茄醬後,與紅黃椒、紅蘿蔔拌炒均勻。

4. 最後加入菇類,稍微拌炒一下,再灑上現磨胡椒粒。

## Dinner Table 16

# 辣醬燒香菇

料理時間
35分

辣醬燒香菇的美味一點都不輸給辣醬燒雞丁。
香菇在嘴中彈開，酸酸辣辣甜甜的醬料則能刺激食慾，
這是一道就算是不愛吃香菇的孩子也無法抗拒的料理。

**材料** 香菇1包（用1大匙的醬油、1大匙的麻油和少許的胡椒醃一下）、綠豆澱粉3大匙、乾辣椒2根、碎核桃1大匙

**醬料**：辣椒醬1大匙、龍舌蘭糖漿2大匙、梅子汁1大匙、油4大匙、蒜末1/2大匙、醬油1大匙、番茄醬1/2大匙、水50ml

**步驟**

1. 香菇切成厚片狀，用調味料醃漬一下。取一乾淨塑膠袋，放入綠豆澱粉和香菇搖晃，讓香菇均勻地沾上綠豆澱粉。

2. 開始製作醬料。

3. 取一平底鍋倒入油，丟入香菇炸至酥脆後，放到廚房紙巾上去油，接著再炸一次。

4. 平底鍋擦乾淨後，放入②的醬料並開小火。

5. 醬料開始冒泡後，放入炸香菇和乾辣椒。

6. 香菇均勻地沾裹上醬料後，開中火迅速收乾醬汁。

7. 醬燒香菇呈盤後，灑上碎核桃即完成。

**Dinner Table 17**

# 宮廷炒年糕

用醬油調味過的宮廷炒年糕吃起來不刺激，
散發出的香甜味就連小孩也喜歡。

料理時間
25分

**材料** 年糕15條、牛絞肉2大匙(用1大匙的醬油和少許胡椒醃一下)、紅椒1/4個、黃椒1/4個、
紅蘿蔔1/6個、洋蔥1/2個、香菇2朵
醬料：醬油1大匙、香油1大匙、龍舌蘭糖漿1小匙

**步驟** 1. 年糕放入滾水中，煮至軟嫩。

2. 黃椒、紅椒、紅蘿蔔、洋蔥、香菇切成細絲狀。

3. 放入醃好的牛絞肉，炒好後先撈起。

4. 將②的材料放入鍋中炒。

5. ④炒到一半時，放入煮熟的年糕和醬料繼續拌炒。最後加入③的牛肉，
炒均勻即可呈盤。

# 紫蘇葉煎餅
# 和酥脆辣椒煎餅

絞肉調味醃過後，塞到紫蘇葉和辣椒的空隙煎一煎，非但不油膩還相當清甜好吃。
除了可以當配菜外，也是一道很好的下酒菜。

**材料** 紫蘇葉10片、青辣椒6根、牛絞肉150g、豆腐1/2塊、雞蛋1顆、蒜末1/2大匙、青陽辣椒1/2根、醬油1大匙、糖1大匙、香油1小匙、胡椒適量、煎餅粉適量、鹽1撮、食用油適量

**步驟** 1. 紫蘇葉洗乾淨後，去除殘留的水分。辣椒洗乾淨後，對半切開去籽。

2. 豆腐壓碎後，將水分擰乾。

3. 取一碗，放入牛絞肉、②的豆腐、蒜末、青陽辣椒、醬油、糖、香油、胡椒後，揉捏混和均勻。

4. 紫蘇葉沾上煎餅粉，取③餡料填滿半邊的紫蘇葉後，對折再沾裹上煎餅粉。

5. 辣椒內部沾上煎餅粉，取③餡料填滿後，上面再沾上煎餅粉。

6. 將雞蛋打散加鹽巴，紫蘇葉和辣椒沾裹上蛋液。

7. 取一平底鍋倒油，轉中小火，將辣椒和紫蘇葉煎至金黃酥脆。

 **Lady's Tip**

• 煎辣椒時，從塞滿餡料的那面開始煎。

**Dinner Table 19**

# 橡子涼粉佐
# 涼拌泡菜

Q彈的橡子涼粉卡路里低，
是減肥時的好選擇。
搭配橡子涼粉的沾醬中，
可以加入切成細絲的泡菜，
這樣吃起來會更有口感。

料理時間
10分

**材料**　橡子涼粉1包、泡菜30g、蔥花1/2大匙、醬油2大匙、辣椒粉1小匙、糖稀1小匙、香
油1/2大匙、芝麻適量

**步驟**　1. 橡子涼粉用波浪刀切成片狀，泡菜和蔥切成細絲。

　　2. 取一碗，放入醬油、辣椒粉、糖稀、香油、芝麻混和均勻，最後加入
　　　泡菜拌均勻。

　　3. 橡子涼粉呈盤後，放上②的醬料

# 紅燒豆腐

料理時間
25分

**材料**　高湯10大匙（請參考第14頁）、豆腐1塊、食用油適量

醬料：醬油5大匙、辣椒粉2大匙、糖1/2大匙、蔥花2大匙、蒜末1/2大匙

**步驟**　1. 豆腐切成適當大小。取一平底鍋，倒入足量的油，將豆腐正反面煎至金黃。

2. 取一鍋，先加入5大匙的高湯後，放入豆腐。

3. 醬料混和均勻後，全部倒入鍋中。

4. 剩餘的5大匙高湯全倒入③的鍋中，轉中火煮滾。

5. 將④的鍋轉小火，用湯匙將醬汁淋到豆腐上，燒至湯汁收乾即可。

# 4th. Side Dish Table
## 充滿媽媽味道的小菜

涼拌紫蘇茄子

涼拌茄子

蒜味蘿蔔絲

涼拌大醬辣椒

蒜苔炒蝦乾

涼拌柿子乾

紅蘿蔔山藥煎餅

南瓜煎餅

紫蘇醬菜

培根蔬菜捲

培根雞蛋捲

甜椒烤蛋

涼拌蘿蔔絲

涼拌東風菜

涼拌白菜

辣炒小章魚

辣炒小魚乾

烤蒜山藥

滷杏鮑菇

牛肉捲

馬鈴薯炒培根

甜椒玉米沙拉

*4th. Side Dish Table*

充滿媽媽味道的小菜

最近總是在苦惱該吃什麼嗎？
只要有一道美味的小菜，就能讓人更加享受用餐的時間。
懷念媽媽味道的話，
就將蔬菜抓一抓後，做成涼拌冷盤。
試著用不同食材做出各種美味的小菜吧！
讓你的餐桌上不再只有泡菜。

### 先生的一句話

「其實我原本非常偏食，多虧了太太，以前不吃的那些小菜，現在都來者不拒。」

# 涼拌
# 紫蘇茄子

料理時間
10分

**材料** 茄子1根

**醬料**：紫蘇粉1大匙、麻油1/2大匙、蒜末1/2大匙、鹽適量、芝麻適量

**步驟** 1. 茄子洗淨,切成3等份後,再對半切開。

2. 茄子放入冒煙的蒸鍋或微波爐蒸5分鐘左右。

3. ②的茄子放涼後,擰乾水分與醬料混和均勻。

# 涼拌茄子

料理時間
10分

**材料** 茄子1根

醬料：醬油1大匙、麻油2~3滴、蒜末1/2大匙、蔥花1/2大匙、糖1撮

**步驟** 1. 茄子洗淨，切成3等份後，再對半切開。

2. 茄子放入冒煙的蒸鍋或微波爐蒸5分鐘左右。

3. ②的茄子放涼後，擰乾水分。最後加入適量的醬料後，用手抓一抓混
　　和均勻。

## Side Dish Table 03

# 蒜味
# 蘿蔔絲

料理時間
10分

**材料**　蘿蔔400g、麻油1大匙、食用油1大匙、蒜末1/2大匙、水1/2杯、天然鹽1小匙、芝麻適量

**步驟**　1. 蘿蔔切成細絲狀。

2. 取一鍋，倒入麻油和食用油，爆香蒜末。

3. 散發出蒜味後，放入蘿蔔絲拌炒。

4. 蘿蔔絲炒熟到一定程度，倒入水後蓋上蓋子。最後用鹽調味，並灑上芝麻即完成。

# 涼拌蘿蔔絲

料理時間
15分

**材料**　蘿蔔400g、辣椒粉1大匙、醋1大匙、梅子汁1大匙、蒜末1小匙、糖1/2大匙
　　　　醃料：糖1小匙、魚露1小匙、粗鹽1大匙

**步驟**　1. 蘿蔔絲和醃料混和後，靜置10分鐘左右。10分鐘後若出水，將水分倒
　　　　　掉並擰乾蘿蔔絲。

　　　　2. 將①的蘿蔔絲和辣椒粉拌勻染色。

　　　　3. 剩下的醬料與②混和均勻即可。

料理時間
20分

不包含燙熟和泡發的時間

# 涼拌東風菜

**材料** 東風菜乾50g、醬油1大匙、麻油1大匙、蒜末適量、蔥花適量、鹽1撮、水3大匙、芝麻1小匙

**步驟** 
1. 東風菜乾用水洗2~3遍後，放入鍋中並倒水蓋過菜。水滾後轉小火，再多煮15分鐘左右。

2. 倒掉①鍋中的水，再次倒入冷水蓋過東風菜，浸泡靜置6個小時。

3. 撈起②的東風菜，擰乾水分並切成適當大小。東風菜與醬油、麻油、蒜末、蔥花用手抓勻，靜置2~3分鐘等入味。

4. 取一鍋，放入③的食材並用中火拌炒。

5. 在④的鍋中加入3大匙的水，蓋上鍋蓋用小火煮2~3分鐘。

6. 關火後，不要打開蓋子先靜置10分鐘，最後呈盤灑上芝麻即可。

 **Lady's Tip**

- 第1、2步驟早上先處理好，到了晚上就可以做成小菜；或是前一天晚上先泡好，第二天早餐時可做成小菜。
- 東風菜去掉粗莖部位用水汆燙，接著即可按照步驟進行。
- 料理時，乾東風菜雖然比新鮮東風菜做起來麻煩，但乾東風菜的營養更為豐富，大家不妨參考一下。

料理時間
5分

# 涼拌白菜

材料

**材料** 白菜100g
醬料：辣椒粉1大匙、麻油1大匙、梅子汁4大匙、魚露1大匙、蔥花1大匙、
蒜末1/2大匙、芝麻適量

**步驟** 1. 白菜洗淨後，切成適當大小。

2. 醬料依照上方的份量製作好，並和①拌勻即可。

 **Lady's Tip**

- 沒胃口且懶得準備其他小菜時，可做做看這道料理。
- 善用春白菜、大白菜等蔬菜，只要簡單拌一拌便完成。

料理時間
5分

# 涼拌大醬辣椒

材料

**材料**　辣椒15根

醬料：韓國大醬4大匙、辣椒醬1/2大匙、龍舌蘭糖漿1大匙、糖1/2大匙、
蒜末1/2大匙、香油1/2大匙、芝麻適量

**步驟**　1. 辣椒洗淨備用。

2. 辣椒切成適當大小。

3. 醬料按照上方份量調製好，將辣椒與醬料用手抓勻即可。

## Side Dish Table 08
# 蒜苔炒蝦乾

料理時間
15分

**材料** 蝦乾100g、蒜苔100g、香油2~3滴、芝麻適量

　　　　醬料：醬油3大匙、糖1大匙、糖稀1大匙、食用油1大匙

**步驟**　1. 蒜苔洗淨後，切成3~4公分的長度備用。

　　　　2. 取一平底鍋不加油，放入蝦乾拌炒後撈起，注意不要炒焦。

　　　　3. 取一濾網，過濾②蝦子的雜質。

　　　　4. 平底鍋擦乾淨後，倒入食用油轉中火，放入③的蝦子炒一炒，撈起放
　　　　　涼。

　　　　5. 蒜苔放入剛剛炒蝦的鍋子中，炒至散發出光澤後，撈起放涼。

　　　　6. 醬料倒入平底鍋中，煮到冒泡後轉小火繼續炒，再放入蝦子和蒜苔快
　　　　　速拌勻。

　　　　7. 灑上香油和芝麻翻炒後，關火呈盤即完成。

 **Lady's Tip**

・炒蝦乾和小魚乾時，先不要加油；炒好第一次後，用濾網過濾掉雜質，這樣吃起來
　的口感才清爽。

料理時間
5分

不含乾燥時間

# 涼拌柿子乾

材料

**材料** 柿子1個、辣椒醬1大匙、辣椒粉1小匙、糖稀1/2大匙、調味醬油1/2小匙、芝麻適量

1

2

**步驟** 1. 柿子切成3mm的薄片，用烤箱或乾燥機烤乾。注意不要烤到全乾，而是保留適當的水分。

2. 柿子乾和醬料用手搓揉均勻。

**Lady's Tip**

• 上方的柿子乾是用70度的烤箱烤了1小時又30分鐘。

• 每個烤箱所花費的時間可能不同。

料理時間
15分

# 辣炒小章魚

材料

1

2

3

4

6

**材料** 小章魚乾150g、青辣椒100g、食用油1大匙、醬油3大匙、糖1大匙、糖稀1大匙、梅子汁1大匙、蒜末適量、香油2~3滴、芝麻適量

**步驟**

1. 青辣椒摘去蒂頭洗淨，用叉子戳出小洞，讓醬料的味道更容易附著在辣椒上。

2. 小章魚乾用滾水汆燙一下。

3. 將②的小章魚乾用冷水沖洗並瀝乾水分。

4. 取一平底鍋倒油，放入小章魚乾炒一炒，除去剩餘的水分。水分蒸發後，放入青辣椒一起炒，舀起放涼。

5. 將醬油、糖、糖稀、梅子汁和蒜末放入鍋中煮。

6. ⑤的醬料煮到起泡後，放入青辣椒和小章魚乾炒至水分收乾。

7. 灑上香油並和芝麻拌炒後，關火呈盤。

料理時間
15分

# 辣炒小魚乾

材料

1

2

3

4

**材料**　小魚乾90g、核桃30g

醬料：食用油1大匙、辣椒醬1大匙、醬油1/2大匙、龍舌蘭糖漿1大匙

**步驟**　1. 壓碎核桃，加入醬料混和。

2. 取一平底鍋不加油，放入小魚乾炒至酥脆。

3. 炒好的小魚乾用濾網過濾，去除不必要的雜質。

4. 平底鍋擦乾淨後，倒入醬料。醬料煮到冒泡後，加入小魚乾和核桃，
以最快的速度大致混和後就關火。

5. 將小魚乾和核桃均勻混和，確認都有沾裹上醬料。

## Side Dish Table 12

# 烤蒜山藥

料理時間
25分

**材料** 蒜頭20瓣、山藥200g、橄欖油6大匙、義大利香醋2大匙、迷迭香1根、胡椒粒適量

**步驟** 1. 山藥洗乾淨後,用削皮器削去外皮。

2. 山藥切成和蒜頭一樣的大小。

3. 蒜頭洗乾淨後,去掉蒂頭。

4. 取一平底鍋不加油,將山藥煎至金黃色。

5. 同樣地,平底鍋不加油,將蒜頭煎至金黃色。

6. 平底鍋中放入山藥、蒜頭、食用油和迷迭香,拌炒出香味。

7. 將山藥和蒜頭煎至全熟。

8. 將⑦放入盤中,灑上現磨胡椒粒和義大利香醋即完成。

 **Lady's Tip**

• 用手直接碰觸山藥的話,皮膚可能會發癢。處理食材前,記得戴上塑膠手套。

料理時間
20分

# 紅蘿蔔山藥煎餅

**材料** 　紅蘿蔔1/2個、山藥150g、煎餅粉70g、冷水100ml、食用油適量

**步驟** 　1. 紅蘿蔔和山藥洗乾淨，去除外皮後，再切成條狀。

　　　 2. 煎餅粉倒入水中，均勻地打散。

　　　 3. 將紅蘿蔔和山藥放入②中，均勻地沾裹煎餅液。

　　　 4. 取一平底鍋倒入足量的油，放上紅蘿蔔和山藥並接成一口的大小後，
　　　　 煎熟即可。

料理時間
10分

# 南瓜煎餅

材料

**材料** 南瓜200g、煎餅粉1杯、糯米粉3大匙、水80ml

**步驟** 1. 南瓜去皮後，切成丁狀。

2. 將剩餘的材料和①的南瓜丁混和，用攪拌器打碎材料。

3. 把②的麵糊混和均勻。

4. 平底鍋加熱後，倒入食用油。用湯匙撈起③的麵糊，煎至酥脆即可。

 **Lady's Tip**

• 食用時搭配醬油沾醬更美味。

料理時間
10分

# 紫蘇醬菜

材料

**材料** 紫蘇葉20片

**醬料**：醬油2大匙、梅子汁1大匙、魚露1/2大匙、辣椒粉1/2大匙、蒜末2大匙、芝麻
1大匙、蒜末適量

**步驟** 1. 紫蘇葉洗乾淨後，放在濾網上瀝乾水分。

2. 醬料依照配方混和均勻備用。

3. 每隔2片紫蘇葉塗1次醬料，並一層層地疊起來。

4. 將③的紫蘇葉放入蒸鍋中，蓋上蓋子用中火蒸5分鐘。

# 滷杏鮑菇

料理時間
20分

材料

1

2

3

4

**材料** 杏鮑菇5個、青辣椒1把、乾辣椒2根、醬油1/2杯、糖3大匙、味醂3大匙、高湯3杯（請參考第14頁）

**步驟**

1. 杏鮑菇切成直長條，青辣椒用叉子戳洞，醬料才能入味。

2. 取一大鍋，放入高湯和辣椒煮。

3. 醬油、糖和味醂加入②的鍋中煮一會兒後，放入香菇和青辣椒，轉中火熬煮。

4. 香菇煮到染色時轉小火，待湯汁收乾後就關火。

料理時間
40分

# 牛肉捲

材料

**材料** 牛肉（烤肉用）200g、金針菇1包、青蔥1把、食用油適量

醬料：醬油1大匙、糖1/2大匙、梅子汁1大匙、蒜末1小匙、香油1/2大匙、胡椒適量

**步驟** 1. 金針菇用流動的水洗乾淨後，切除底部備用。

2. 青蔥洗淨後，切成和金針菇一樣的長度。

3. 攤開牛肉片放上適量的青蔥和金針菇，用肉片將餡料一一捲起。醬汁
淋在牛肉捲上，醃10分鐘左右。

4. 取一平底鍋倒入油，放上牛肉捲時，先煎尾端。

5. 待牛肉捲的尾端黏住後，輕輕地滾動牛肉捲，轉小火均勻煎熟。

料理時間
20分

# 馬鈴薯炒培根

材料

**材料** 馬鈴薯2個、培根4片、蔥花1大匙、蒜末1小匙、食用油1/2大匙、
芝麻適量、黑胡椒適量

**步驟**　1. 馬鈴薯洗淨去皮，削成條狀後泡在冷水中，除去澱粉質。

2. 培根切成5~6mm的寬度。

3. 平底鍋加熱後，倒入食用油，先炒培根。

4. 在③的鍋中，放入馬鈴薯炒一陣後，放入蒜末和蔥花繼續拌炒，最後
灑上黑胡椒和芝麻即完成。

# 培根蔬菜捲

料理時間
20分

**材料** 培根6~8片、紅椒1/2個、黃椒1/2個、黑胡椒適量

**步驟** 1. 紅椒和黃椒切成長條狀。

2. 用培根將紅黃椒捲起後，灑上黑胡椒。

3. 取一平底鍋，培根捲從尾端部分開始煎。

4. 待尾端黏住後，輕輕地滾動培根捲，轉小火均勻煎熟。

# 培根雞蛋捲

料理時間
15分

**材料**　雞蛋4顆、高湯2大匙(請參考第14頁)、培根4片、青蔥2根、食用油適量

**步驟**　1. 雞蛋打散後,加入高湯和蔥花拌勻。

2. 取一平底鍋倒油,用廚房紙巾擦均勻。

3. 在鍋中倒入1/3的①蛋液,集中到鍋子的同一半邊。

4. 再倒入1/3的蛋液到鍋中,和③重疊後,集中捲到同一邊。

5. 倒入剩下的蛋液,和④一樣完美的捲起。

6. 將⑤的蛋捲放到培根上小心捲起,再移到煎鍋上,將前後左右都煎到酥脆。

# 甜椒烤蛋

料理時間
40分

**材料** 甜椒2個、雞蛋2顆、蔥花1大匙、莫札列拉起司適量、鹽1撮、黑胡椒適量

**步驟** 1. 甜椒洗乾淨後，從上端切開並挖除內部的籽。

2. 為了讓甜椒能立起，稍稍切除底部不平的地方。

3. 雞蛋打散後，放入蔥花、鹽、胡椒混和均勻。

4. 蛋液分別倒入甜椒中。

5. 莫札列拉起司灑在甜椒上半部。

6. 烤箱預熱至180度後，放入⑤的甜椒，烤30~35分鐘。

# 甜椒
# 玉米沙拉

料理時間
5分

**材料** 甜椒1/2個、罐頭玉米粒5大匙、橄欖3個、橄欖油2大匙、檸檬汁1大匙、黑胡椒適量、香芹粉適量

**步驟** 1. 玉米粒放在濾網上，除去多餘的水分。

2. 甜椒洗乾淨後，切成和玉米粒差不多的大小。

3. 橄欖切成適合入口的大小。

4. 取一碗，放入甜椒、玉米粒和橄欖後，淋上檸檬汁和橄欖油拌均勻，最後灑上現磨胡椒粒和香芹粉即完成。

## 5th. Home-made Baking Table
# 樸素簡約的手作烘焙

柚子司康餅

紅蘿蔔司康餅

南瓜司康餅

英式伯爵茶瑪芬

柿餅瑪芬

紅豆瑪芬

地瓜蛋糕

巧克力慕斯

Kisses巧克力餅乾

柿餅年糕

南瓜年糕派

鮮奶油胡桃司康餅

藍莓司康餅

巧克力香蕉瑪芬

藍莓瑪芬

維多利亞海綿蛋糕

綜合穀物戚風蛋糕

提拉米蘇慕斯甜點

韓式八寶飯

艾草餅

*5th. Home-made Baking Table*

樸素簡約的手作烘焙

此單元介紹的烘焙食譜，每個人都能輕易地在家做出成品。
我特地挑選了幾樣簡單樸素又好吃的烘焙品，
就算做得不好也沒關係，
因為手作烘焙的最大魅力正是原始的味道。
有可以和熱茶一起享用的司康餅、瑪芬類茶點，
也有蛋糕、餅乾、做法簡單的年糕等等，不妨試著挑戰看看吧！
即使在家中，也能享用到不輸給咖啡廳的美味甜點。

### 先生的一句話

「現在我一點也不羨慕在外頭吃甜點的人，吃太太親手做的各種甜點，
搭配上一杯咖啡或茶享用，對我來說就是最棒的元氣補充來源。」

# 柚子司康餅

利用平時泡柚子茶的柚子醬所做成的司康餅，
可說是香氣十足、魅力無限。

料理時間
20分

不包含麵團冷藏的30分

**材料** 6個份量

柚子醬80g、低筋麵粉200g、泡打粉1大匙、糖20g、冰奶油60g、牛奶30g

**步驟** 1. 奶油保持冰涼狀態，取出柚子醬備用。

2. 取一大碗，放入低筋麵粉、泡打粉和糖後，用叉子混和均勻。

3. ②加入奶油後，用切麵刀將奶油切成豆子般的大小。

4. 加入牛奶後，用叉子大致攪拌一下。

5. ④加入柚子醬後，用叉子大致攪拌一下。

6. 麵團放到乾淨塑膠袋中，抓出一個橢圓形的模樣，放到冰箱冰30分鐘左右。

7. 麵團切成司康餅的模樣，放入預熱至180度的烤箱中，烤15分鐘左右。

 **Lady's Tip**

- 司康餅是一道簡單的烘焙料理，適合在家裡做來吃。
- 不需要專業的烘焙用具，只要有叉子就可以做出麵團。
- 粗糙的外表是司康餅的魅力所在。麵團不需揉均勻，只要大概攪拌一下就好，這樣才能烤出司康餅的外貌。
- 司康餅使用的奶油一定要是冰涼的。

料理時間
20分

不包含麵團冷藏的30分

Home-made Baking Table 02

# 紅蘿蔔司康餅

這是個能讓所有人將紅蘿蔔吃下肚的方法，
烤過的紅蘿蔔好吃到讓人不知道它的真實身分。

**材料** 6個份量

紅蘿蔔100g、低筋麵粉140g、泡打粉1小匙、糖40g、冰奶油45g、牛奶20g

**步驟** 1. 紅蘿蔔洗淨後，用磨泥板磨成碎末。

2. 取一大碗，放入低筋麵粉、泡打粉和糖後，用叉子混和均勻。

3. ②加入奶油後，用切麵刀將奶油切成豆子般的大小。

4. 加入牛奶後，用叉子大致攪拌一下。

5. ④加入紅蘿蔔末後，用叉子大致攪拌一下。

6. 麵團放到乾淨塑膠袋中，抓出一個橢圓形的模樣，放到冰箱冰30分鐘左右。

7. 麵團切成司康餅的模樣，放入預熱至180度的烤箱中，烤15分鐘左右。

 **Lady's Tip**

• 若用食物攪拌機打碎的話，紅蘿蔔泥會變得過於爛糊，因此建議使用磨泥板。

料理時間
25分

不包含麵團冷藏的30分

# 南瓜司康餅

用南瓜做成的烘焙品顏色鮮豔，容易吸引人們的注意力。

**材料** 6個份量

南瓜120g、蜜棗50g、低筋麵粉200g、泡打粉1大匙、糖40g、冰奶油70g

**步驟** 1. 南瓜切成塊狀，放入微波爐加熱3~4分鐘。

2. 蜜棗切成3~4等份。

3. 取一大碗，放入低筋麵粉、泡打粉和糖後，用叉子混和均勻。

4. ③加入奶油後，用切麵刀將奶油切成豆子般的大小。

5. ④加入南瓜和蜜棗後，用叉子大致攪拌一下。

6. 麵團放到乾淨塑膠袋中，抓出一個橢圓形的模樣，放到冰箱冰30分鐘左右。

7. 麵團切成司康餅的模樣，放入預熱至180度的烤箱中，烤15分鐘左右。

料理時間
25分

不包含麵團冷藏的30分

# 鮮奶油胡桃司康餅

加入鮮奶油的司康吃起來更加輕盈美味。
胡桃製作時盡量保持原樣不要壓碎，這樣成品看起來才不會醜醜的。

**材料** 6個份量

鮮奶油65g、胡桃50g、低筋麵粉200g、泡打粉1大匙、糖30g、冰奶油60g

**步驟** 1. 取一大碗，放入低筋麵粉、泡打粉和糖後，用叉子混和均勻。

2. ①加入奶油後，用切麵刀將奶油切成豆子般的大小。

3. ②加入鮮奶油後，用叉子大致攪拌一下。

4. ③加入胡桃後，大致攪拌一下。

5. ④的麵團放到乾淨塑膠袋中，抓出一個橢圓形的模樣，放到冰箱冰30
分鐘左右。

6. ⑤的麵團切成司康餅的模樣，放入預熱至180度的烤箱中，烤15分鐘
左右。

料理時間
20分

不包含麵團冷藏的60分

# 藍莓司康餅

有酸甜的藍莓在嘴中彈開的美味司康，
是用稍微帶點水分的麵團做成，其口感是濕潤的。

**材料** 6個份量

冷凍藍莓90g、低筋麵粉140g、泡打粉1小匙、糖3大匙、冷奶油45g、牛奶50g

**步驟** 1. 取一大碗，放入低筋麵粉、泡打粉和糖後，用叉子混和均勻。

2. ①加入奶油後，用切麵刀將奶油切成豆子般的大小。

3. ②加入牛奶後，用叉子大致攪拌一下。

4. ③加入藍莓後，將麵團放到乾淨塑膠袋中，抓出一個橢圓形的模樣，放到冰箱冰1個小時左右。

5. ④的麵團切成司康餅的模樣，放入預熱至180度的烤箱中，烤15分鐘左右。

# 巧克力香蕉瑪芬

在像濃郁布朗尼的巧克力瑪芬，
最上層輕輕放上一片香蕉，吃起來會更加入口。

料理時間
30分

不包含冷藏的時間

**材料**　6個份量
　　　　香蕉1~3條、可可粉15g、低筋麵粉150g、泡打粉1小匙、室溫奶油100g、糖90g、雞蛋1顆、
　　　　牛奶30g

**步驟**　1. 根據瑪芬數量，香蕉切成等量的片狀。剩餘的香蕉用叉子壓成泥。

　　　　2. 取一大碗，放入室溫奶油後，用攪拌器打散。

　　　　3. 糖分兩次放入②的大碗中，用攪拌器混和均勻。

　　　　4. 雞蛋打入③的大碗中。

　　　　5. 可可粉、低筋麵粉、泡打粉過篩後，加入④的碗中，輕輕地混和均勻。

　　　　6. 在⑤中加入牛奶，將麵糊拌至滑順後，加入香蕉泥輕輕地拌勻。

　　　　7. 麵糊倒入無花嘴的擠花袋，容器中擠入適量的麵糊，並輕放上一片香
　　　　　 蕉。烤箱預熱至180度後，烤15分鐘左右即完成。

 **Lady's Tip**

● 倒入麵糊時，只需裝至容器的7~8分滿即可，免得瑪芬膨脹後滿出來。

料理時間
30分

不包含冷藏的時間

# 英式伯爵茶瑪芬

英式伯爵茶的香氣透過瑪芬而散開，讓人度過一個美好的下午茶時光。

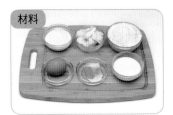

**材料** 6個份量

英式伯爵茶茶包1個、低筋麵粉150g、泡打粉1小匙、室溫奶油100g、糖100g、雞蛋1顆、牛奶70g

**步驟** 1. 奶油打散後，糖分兩次加入並混和均勻。另外，將茶包撕開後備用。

2. 待砂糖全部融化後，放入雞蛋混和均勻。

3. 伯爵茶、低筋麵粉、泡打粉過篩後，加入②中混和均勻。

4. ③加入牛奶混和，攪拌至麵糊無結塊，呈現柔順狀。

5. 麵糊倒入無花嘴的擠花袋，然後在容器中擠入適量的麵糊。烤箱預熱至180度後，烤15分鐘左右即完成。

# 柿餅瑪芬

料理時間
30分

不包含冷藏的時間

用軟Q柿餅做成的瑪芬，吃起來會有種生薑肉桂茶的味道。

材料

**材料** 6個份量

柿餅100g、低筋麵粉160g、泡打粉1小匙、肉桂粉5g、室溫奶油100g、糖90g、雞蛋1顆、牛奶30g

**步驟** 1. 柿餅切成長條狀備用。

2. 奶油打散後，砂糖分兩次加入並混和均勻。

3. 待砂糖全部融化後，放入雞蛋混和均勻。

4. 低筋麵粉、泡打粉、肉桂粉過篩後，輕輕地混和均勻。

5. ④加入牛奶混和，攪拌至麵糊無結塊並呈現柔順狀後，加入柿餅拌一拌。

6. 麵糊倒入無花嘴的擠花袋，然後在容器中擠入適量的麵糊。烤箱預熱至180度後，烤15分鐘左右即完成。

# 紅豆瑪芬

親手製作的紅豆泥是這道料理的重點。
雖然熬煮紅豆需要耗費不少時間，但做好後可以加在剉冰、年糕或是直接當點心享用。

**材料** 6個份量

紅豆泥：紅豆400g、水1+1/2公升、糖200g、鹽適量、龍舌蘭糖漿2大匙

麵糊：低筋麵粉100g、泡打粉1小匙、雞蛋1顆、糖50g、牛奶100ml

**步驟**

1. 紅豆泥做法：紅豆加入足量的水中，煮滾後關火；紅豆用濾網過濾，倒掉鍋中所有的水。

2. 鍋中再次加入1+1/2公升的水，用中火熬煮1個小時左右。鍋中水分不夠時，適時補充足量的水。

3. 試吃並確認紅豆熟透後，加入糖和鹽攪拌。

4. 紅豆變黏稠時，加入龍舌蘭糖漿攪拌均勻後關火。

5. 接著製作麵糊：雞蛋打散後，加入糖混和均勻。

6. 待碗中的砂糖全部融化後，倒入牛奶。

7. 低筋麵粉和泡打粉過篩後，加入⑥中混和均勻。

8. 在⑦中，加入適量的紅豆泥。

9. 用廚房紙巾沾點油，擦拭瑪芬容器的內壁部分。

10. 麵糊倒入容器中，放上適量的紅豆泥。烤箱預熱至180度，烤15分鐘即完成。

料理時間
30分

不包含冷藏的時間

# 藍莓瑪芬

深紫色的藍莓所帶來的濕潤口感，光是用看的就讓人口水直流。

**材料** 6個份量

冷凍藍莓120g、低筋麵粉200g、泡打粉1小匙、室溫奶油90g、糖90g、鹽1g、雞蛋2顆、牛奶50g

**步驟**

1. 取一大碗，奶油輕輕地打散後，加入鹽、糖攪拌至融化。

2. 在①中一次加入1顆雞蛋，好好地混和均勻。

3. 低筋麵粉和泡打粉過篩後，加入②中混和均勻。

4. 麵糊只剩下一點點粉塊時，加入牛奶。混和均勻後，放入藍莓輕輕地拌勻。

5. 麵糊倒入無花嘴的擠花袋，然後在容器中擠入適量的麵糊。烤箱預熱至180度後，烤15分鐘左右即完成。

料理時間
10分

# 維多利亞海綿蛋糕

因為英國維多利亞女王最喜歡這種蛋糕，後來因此被命名為維多利亞海綿蛋糕。
製作時可善用市面上販賣的半成品蛋糕，這樣做起來就會更簡單。

**材料** 市售海綿蛋糕1個、鮮奶油100g、糖50g、草莓醬適量、糖粉適量

**步驟** 1. 海綿蛋糕對半切開。

2. 鮮奶油加入砂糖後，用電動攪拌器將奶油打發。

3. 海綿蛋糕一面塗上鮮奶油，另一面塗上草莓果醬，雙雙蓋起來後，灑上糖粉即完成。

**Lady's Tip**

‧鮮奶油和草莓醬要塗上厚厚一層，這樣蛋糕才好吃。

# 綜合穀物戚風蛋糕

蓬鬆的戚風蛋糕中，加入綜合穀粉所做成的特殊口味，
吃起來爽口無負擔，讓人愛不釋手。

**材料** 綜合穀粉10g、低筋麵粉95g、糖Ⓐ65g、泡打粉2g、鹽1g、香草精1/2g、蛋黃50g、
葡萄籽油40g、水30g、蛋白100g、糖Ⓑ65g

**步驟** 1. 取一大碗，蛋黃打散後，加入葡萄籽油混和均勻。

2. 在①加入水後，好好地攪拌均勻。

3. 將綜合穀粉、低筋麵粉、糖Ⓐ、泡打粉過篩後，加入②中攪拌。接著
放入鹽混好後，再加入香草精。

4. 取另一大碗，放入蛋白並用電動攪拌器打散，加入糖Ⓑ打至硬性發泡。

5. 戚風蛋糕模型用噴霧均勻地噴上水，接著將模型反蓋，使多餘的水分
滴下來。

6. 蛋黃液分3次加入④的發泡蛋白中，用大勺子輕輕地混和。

7. 將⑥倒入⑤的模型中，舉起模型用力往下一震，除去多餘的氣泡。接
著送進預熱至175度的烤箱中，烘烤約25分鐘。

8. 烤好後，將戚風蛋糕連模型倒蓋在杯子上，待冷卻後再脫模。

料理時間
45分

# 地瓜蛋糕

綿密的地瓜慕斯塗在海綿蛋糕上，散發出隱約的香甜味。
利用市面上販賣的半成品蛋糕，就可以簡單地做出這款蛋糕。

**材料** 地瓜(小)2個、市售海綿蛋糕1個、鮮奶油100g、糖1大匙、糖稀1小匙

卡士達醬：蛋黃1顆、糖25g、低筋麵粉1大匙、牛奶50ml、奶油5g

糖漿：水30ml、糖1大匙、蘭姆酒1小匙

**步驟** 1. 製作卡士達醬：將蛋黃、糖、低筋麵粉混和均勻。取一鍋，倒入牛奶和奶油煮至滾，接著放入蛋黃液，用打蛋器快速混和。

2. ①用小火煮至濃稠，做成卡士達醬後放冷。

3. 取一大碗，加入鮮奶油和砂糖，用電動攪拌器打發。

4. 地瓜蒸熟壓碎，加入糖稀混和後，在③加入卡士達醬和一半的鮮奶油，做成地瓜幕斯。

5. 按照上方食材做出糖漿備用。將海綿蛋糕切開備用，剩下的蛋糕體分成兩塊，一塊利用濾網弄成細粉，另一塊切成裝飾用的正方形。

6. 海綿蛋糕一面塗上糖漿至濕潤，接著塗上厚厚一層的地瓜幕斯。

7. 剩下的蛋糕體蓋到⑥的上方，再次塗上地瓜幕斯，最後上層塗上剩下的鮮奶油。

8. 將做法⑤中切好的小正方形蛋糕體放到大蛋糕上裝飾，最後灑上蛋糕粉末即完成。

料理時間
20分

# 巧克力慕斯

這是一道在嘴中慢慢化開的柔順巧克力慕斯。
感到疲勞時，吃上一口就能讓心情變好。

**材料** 黑巧克力120g、蛋黃3顆、蛋白5顆、糖1大匙

**步驟** 1. 取一鍋加水煮滾，取另一小碗，放入巧克力隔水加熱。

2. ①的巧克力全部融化後，關火加入糖。

3. 糖溶化後，一次加一顆蛋黃到②中並混和均勻。

4. 蛋白用電動攪拌器打到硬性發泡。

5. 將④的蛋白慢慢地加入到③中，並輕輕地攪拌均勻。

6. 巧克力蛋白混和好後，放入漂亮的容器中，用保鮮膜包起或蓋上蓋子，
   放入冰箱冷藏一天後，便可食用。

**Lady's Tip**

• 用可可含量高的黑巧克力做出的幕斯，味道會更加高級。

料理時間
30分

# Kisses巧克力餅乾

用小巧可愛的Kisses巧克力所做成的餅乾，可愛的外觀適合拿來送禮。

**材料**　Kisses巧克力1包、低筋麵粉180g、泡打粉2g、糖60g、室溫奶油75g、花生醬（室溫）75g、雞蛋1顆

**步驟**
1. 將奶油和花生醬置於室溫下，打散後加入糖，並用電動攪拌器打成像打發鮮奶油一樣。
2. 在①中放入雞蛋混和均勻。
3. 將低筋麵粉、泡打粉過篩後，加入②中並用大勺子輕輕地攪拌。
4. 將麵團搓成相同大小的圓球狀，用手掌輕輕壓扁後，放到烤盤上。
5. 烤箱預熱至180度，放入麵團烤15分鐘左右。
6. 餅乾取出後，趁熱在餅乾正中央放上Kisses巧克力，放涼便可食用。

**Lady's Tip**

• 趁餅乾還有熱度時放上巧克力，才能讓兩者黏貼在一起。

料理時間
15分

# 提拉米蘇慕斯甜點

這是一道用可可粉、原味優格、奶油乳酪做成的提拉米蘇蛋糕。
只要簡單地混和打發後,便成了慕斯類甜點。

**材料** 奶油乳酪150g、糖40g、原味優格30g、檸檬汁1/2大匙、鮮奶油90g、蘭姆酒1小匙、可可粉適量

**步驟** 1. 奶油乳酪置於室溫中,變軟後用電動攪拌器打散。

2. 在①的碗中加入糖,攪拌至糖全部融化。

3. 將原味優格、檸檬汁、蘭姆酒混和後,倒入②的碗中攪拌。

4. 鮮奶油打發至堅挺程度。

5. 將④的鮮奶油加到③的碗中,輕輕地混和均勻。

6. 將做好的慕斯放到方便食用的容器中,最後灑上可可粉即完成。

料理時間
45分

不包含泡糯米的時間

# 韓式八寶飯

韓式八寶飯吃起來鹹甜鹹甜，散發著香油的味道。
除了可以用烤箱烹調，也可用電鍋做出好吃的八寶飯，可以試著挑戰看看。

材料

**材料** 糯米2杯、栗子8顆、核桃1/2把、蜜棗50g、水1+1/2杯、醬油5大匙、糖1/2杯、香油2大匙、肉桂粉適量

**步驟** 1. 糯米洗乾淨後，浸泡在水中約1個小時。

2. 栗子、核桃、蜜棗切成適當的大小。

3. 將水、醬油、糖、香油、肉桂粉混和均勻。

4. 把糯米、栗子、核桃、蜜棗放入③中，混和均勻後送入電鍋中，按下煮飯的按鈕。

5. 電鍋跳起後，先悶一下不要打開蓋子。取出後，倒入漂亮的模型中即可。

Home-made Baking Table 18

# 艾草餅

平凡的艾草餅散發出艾草香，清甜的味道讓人愛不釋手。

**材料** 燙過的艾草50g、純米粉150g、糖5大匙、鹽1撮、熱水5~7大匙

香油水：水1大匙、香油1/2大匙、鹽1/2撮

**步驟** 1. 先將香油水調好備用。艾草汆燙後，放到冷水下沖洗。擰乾水分後，
用磨具將艾草磨成粉末。

2. 用叉子將純米粉、糖、鹽混和後，放入艾草。

3. 一次加入一匙熱水到②中，做成熟麵團。

4. 若一次倒入全部的熱水，麵團會變成長條狀，因此一次只加一匙，將
麵團捏成圓形。

5. 麵團均分成同樣大小並捏成圓形狀。為了避免麵團乾掉，記得蓋上一
條濕布。

6. 若想要麵團每個都長得很漂亮，可以用壓模器壓出造型。

7. 蒸鍋中倒入水，待冒出水蒸氣時，艾草餅背面先塗上香油水，再放入
蒸鍋蒸20分鐘。

8. 蒸好的艾草餅塗上適量的香油水，避免其變乾硬。

 **Lady's Tip**

● 若家中廚房沒有磨具的話，可用刀子將艾草切成細末，不過吃起來的口感會較為粗糙。

● 根據艾草量的多少，艾草餅的顏色可能或深或淺。

料理時間
30分

# 柿餅年糕

聽到糕杵打在麵團上的聲音時，會讓人想起好吃的韓式年糕。
現在在家也能輕鬆做出韓式年糕，
只要用保鮮膜包住醬料罐外圍，就可當成糕杵來使用了。

材料

1

2

4

5

7

**材料**　柿餅3個、核桃20g、糯米粉150g、糖1大匙、鹽1/2撮、水適量、綠豆粉30g

**步驟**　1. 柿餅和核桃切成適當大小。

2. 糯米粉、糖和鹽用手拌勻後，用篩子過篩一次。

3. 一次加入一匙水到②中，看情況調整水分。

4. 麵團用手抓起，若結成塊的話，就再一次用篩子過篩。

5. 取一白布鋪在蒸鍋內，水滾後灑上少許糖，接著放入麵團、柿餅和核桃。

6. 麵團蒸15分鐘後，再多悶5分鐘。

7. 取出麵團放入大碗中，調味瓶用保鮮膜包起後，開始敲打麵團。

8. 將做法⑦的熟麵團切成適當大小，裹上綠豆粉即完成。

料理時間
45分

Home-made Baking Table 20

# 南瓜年糕派

外觀看起來雖然像派，但實際上是營養滿分的南瓜年糕餅。
此年糕派不是用蒸的，而是用烤箱烘烤而成的。

**材料** 南瓜300g、蜜棗60g、核桃30g、糯米粉250g、糖60g、泡打粉2g、牛奶300ml、食用
油適量

**步驟** 1. 將南瓜和蜜棗切成適當大小，核桃壓碎成粗粒狀。

2. 糯米粉、糖、泡打粉和牛奶混和均勻。

3. 將①的材料加入②中，把麵團攪拌均勻。

4. 模型內層塗上一層薄薄的油。倒入麵團後，舉起模型往下用力一震，
除掉多餘的空氣。

5. 烤箱預熱至190度，放入④的麵團烤40分鐘。

 **Lady's Tip**

- 此食譜建議使用超市販賣的糯米粉，因為市售的糯米粉水分含量不定，較難控
制麵團的濃度。

- 可以加入核桃、松子、葡萄乾、藍莓乾、蔓越莓乾等乾果類和堅果類。

227

# 家人賓客都喜愛的菜單

BBQ肋排

烤黃金薯條

牛排

蓮藕竹筍飯

清燉蔬菜牛腩

焗烤地瓜

柚子氣泡水

冰薑汁汽水

烤蒜味棒棒腿

豆皮壽司便當

馬鈴薯沙拉三明治
＋辣雞翅

烤鮭魚佐馬鈴薯

山薊菜飯

鮮蚵營養飯

雞蛋糕

南瓜醬

梅子氣泡水

雞肉串

年糕串

辣拌螺肉

6th. Special Table

家人賓客都喜愛的菜單

多加活用廚房中的烤箱和砂鍋，
就可以做出外頭餐廳常見的料理和美味營養穀飯。
此單元將介紹半夜肚子餓時可吃的宵夜和下酒菜，
還有可輕鬆搞定的便當菜和健康飲料⋯。
沒有想像中的那麼困難，各種富特色的菜單都能輕鬆地做出，
能讓吃的人和料理的人都感到相當地開心。

先生的一句話

「明明是在家裡，但卻讓我覺得像是在外面餐廳享用高級料理。」

## Special Table 01

# BBQ肋排

在家也能享受到餐廳料理。
你！準備好了嗎？

料理時間
1小時40分

不包含去血水的時間

材料　肋排800g

醬料：BBQ醬120g、番茄醬2大匙、醬油2大匙、糖3大匙、梅精1大匙、龍舌蘭糖漿1
大匙、蒜末1大匙、胡椒適量

汆燙：月桂葉1片、蒜頭3瓣、大蔥1根、黑胡椒20粒左右

步驟　1. 肋排放入冷水中浸泡2個小時，並去除血水。

2. 取一鍋，倒入足量的水後，丟入汆燙食材。

3. 待水滾後，丟入肋排並蓋上鍋蓋煮1個小時。

4. 撈起肋排放涼，用剪刀剪開肋排，僅留尾端部分相互連接。

5. 取一鍋，倒入醬料食材。當外圍部分開始冒泡時，好好地拌勻並關火。

6. 醬料塗在肋排上，放到預熱至190度的烤箱中，烤20分鐘。

7. 從烤箱中取出⑥，肋排翻到另一面塗上醬料，再烤10分鐘。

料理時間
35分

# 烤黃金薯條

烤黃金薯條除了可以當點心食用外,也可以作為主菜的擺盤。
試著做做看原味和咖哩這兩種口味吧!

**材料** 馬鈴薯2個、橄欖油4大匙、鹽1/2撮、香芹粉適量、咖哩粉適量

**步驟** 1. 馬鈴薯洗乾淨後,連皮切成半月形。

2. 切好的馬鈴薯丟入滾水中,煮3分鐘後撈起,分成兩半。

3. 一半的馬鈴薯用橄欖油2大匙、鹽1/2撮、香芹粉適量調味。

4. 另一半的馬鈴薯用橄欖油2大匙、咖哩粉、香芹粉適量調味。

5. 烤箱預熱至200度,放入2種不同口味的馬鈴薯烤10分鐘。

料理時間
20分

# 牛排

挑選品質好的牛肉，購買喜愛的部位在家煎來吃吃看吧！
特殊的日子再來上一杯紅酒，就再也不用羨慕別人去高級餐廳用餐了。

材料

3

5

**材料** 牛排（腰內肉或是腰脊肉）2塊、橄欖油2大匙、胡椒適量、鹽1撮、洋蔥1/2個、花椰菜4個、白花椰菜2個、甜椒1個、小番茄適量、奶油1大匙、迷迭香適量、芥末籽醬適量、義大利香醋適量

**步驟** 1. 牛排用廚房餐巾紙吸掉多餘的血水，灑上鹽和胡椒。接著放上迷迭香，塗抹橄欖油備用。

2. 洋蔥切成薄片，花椰菜、白花椰菜、甜椒切成適當大小。

3. 戴上塑膠手套，將②的材料用奶油搓揉混和均勻。

4. 小番茄洗乾淨後，和花椰菜、白花椰菜一起汆燙。

5. 烤盤充分加熱後放上牛排，兩面各自用大火煎1分鐘，讓牛排印上烤盤痕跡。

6. 接著將牛排放入預熱至200度的烤箱中，烤3分鐘左右。

7. 其餘材料也放到烤盤上，煎到印上烤盤痕跡。

8. 取一盤，放上牛排和蔬菜，盤邊倒上適量的義大利香醋和芥末籽醬。

 **Lady's Tip**

• 依個人喜好，可調整牛排的熟度。此外，牛排的厚度和烤箱的性能也都會影響熟度。

# 烤鮭魚佐馬鈴薯

料理時間<br>35分

鮭魚和蔬菜配料一起放入烤箱烘烤，這樣不僅做起來方便，
各種蔬菜的風味也會保留在鮭魚肉上，讓整道料理吃起來更加滋潤美味。

**材料** 　鮭魚2塊（鹽1撮、黑胡椒適量醃一下）、馬鈴薯1個、花椰菜3個、白花椰菜3個、檸檬1個、小番茄8個、橄欖4個、培根4片、橄欖油3大匙、黑胡椒適量、羅勒粉適量

**步驟** 　1. 馬鈴薯去皮後，蒸5分鐘至半熟。

2. 鮭魚用鹽和黑胡椒調味醃製一下。

3. 馬鈴薯對半切開，檸檬切成4等份。花椰菜和白花椰菜切成適當大小，橄欖切成4等份，小番茄用刀子戳一下。

4. 取一大碗，將鮭魚、馬鈴薯、花椰菜、白花椰菜、檸檬、小番茄、橄欖用油拌一拌。

5. 取一烤盤，鮭魚皮朝上放好，均勻地灑上羅勒粉。接著放上各種蔬菜，最後再灑上少許的黑胡椒。

6. 烤箱預熱至250度，放入⑤烤15分鐘左右。

7. 將⑥從烤箱中取出，放上培根後，再烤5分鐘。

8. 取一盤，均勻地擺放上烤好的食材，擠上烤過的檸檬汁。

9. 依照個人喜好，可搭配照燒醬、芝麻醬等沾醬食用。

**Special Table 05**

# 山薊菜飯

用砂鍋或鍋子煮出來的飯有著特殊風味，
而鍋巴則是這道料理的意外驚喜。

材料

**材料** 泡發的米2杯、汆燙過的山薊菜100g、水1＋1/2杯、醬油1大匙、麻油1大匙
醬料：醬油2大匙、辣椒粉1/2大匙、香油1/2大匙、芝麻適量

**步驟** 1. 白米洗淨後，泡1個小時。

2. 山薊菜汆燙後，切成細絲並加入醬油、麻油揉捏入味。

3. 米倒入砂鍋或鍋子中，上方擺上切好的山薊菜。

4. 倒入適量的水至③中，蓋上蓋子。先用大火煮10分鐘，再用小火煮10
分鐘，關火後再悶10分鐘。

5. 搭配醬料一起食用。

料理時間
35分

不含泡米的時間

# 鮮蚵營養飯

材料

**材料** 泡發的米2杯、高湯1＋3/4杯（請參考第14頁）、蚵仔1把、香菇1朵、檸檬汁少許
醬料：醬油2大匙、辣椒粉1/2大匙、香油1/2大匙、蔥花適量

**步驟** 1. 米洗淨後，泡1個小時。

2. 蚵仔灑上檸檬汁後搓揉，用流動的水沖洗乾淨後，放在濾網上瀝乾水分。

3. 香菇切成適當大小。

4. 米倒入砂鍋或鍋子中，加入香菇和高湯。

5. 將④蓋上蓋子，用大火煮10分鐘後，再用小火煮10分鐘。

6. 打開蓋子，放上蚵仔後，再次蓋上蓋子用小火煮1~2分鐘。

7. 關火後，悶10分鐘左右。

8. 搭配醬料一起食用。

# 蓮藕竹筍飯

這是一道放入清脆的竹筍和香甜的蓮藕所煮出的飯。
有了它,就不需要再吃其他的補品了。

料理時間
35分

不含泡米的時間

**材料** 泡發的米2杯、高湯2杯(請參考第14頁)、蓮藕1/4個、竹筍1/4個、栗子2~3個、醬油
2大匙、味醂1大匙
**醬料**:醬油2大匙、辣椒粉1/2大匙、香油1/2大匙、芝麻適量

**步驟** 1. 米洗乾淨後,放入砂鍋或鍋子裡,倒入高湯泡30分鐘左右。

2. 蓮藕、竹筍、栗子切成適當大小,用醬油、味醂以中火熬煮。

3. 將②的材料放到米上並蓋上蓋子。用大火煮10分鐘後,再用小火煮10
分鐘。

4. 關火後,悶10分鐘左右。

5. 搭配醬料一起食用。

料理時間
30分

# 清燉蔬菜牛腩

清燉蔬菜牛腩使用塔吉鍋料理，不另外加水，而是利用蔬菜本身的水分烹調。
牛肉吃起來不油膩，蔬菜也不失爽脆口感。

**材料** 牛腩2人份、綠豆芽300g、香菇1朵、茼蒿1/2把、味醂1大匙、鹽1小撮、黑胡椒適量

**步驟** 1. 豆芽洗乾淨備用，香菇和茼蒿切成適當大小。

2. 取一塔吉鍋，放入帶有些微水分的綠豆芽。

3. 牛腩平鋪在豆芽上。

4. 將香菇片塞在豆芽和牛腩的縫隙中。

5. 反覆③和④的動作，所有材料都疊好後，最上層放茼蒿。

6. 均勻地灑上黑胡椒、鹽和味醂。

7. 蓋上鍋蓋，小火煮20分鐘，關火後再悶2分鐘。

8. 搭配醬油沾醬食用（請參考第15頁）。

**Lady's Tip** 利用塔吉鍋做出的少量水分料理

- 在水資源珍貴的北非摩洛哥地區，當地人利用塔吉鍋（Tajine Pot）做料理。食材加熱的步驟中，所產生的水蒸氣會沿著鍋蓋往上竄升，到達頂端後再滴下來，水分不斷地在鍋中循環，是少量水分料理經常使用的烹飪方法。
- 因為加入的水分不多，所以更能品嚐到食材的原味。
- 使用塔吉鍋時，絕對不可開大火，請用小火烹調。

Special Table 09

# 焗烤地瓜

製作紅豆瑪芬時，若有剩餘的紅豆泥，
不妨試著做成香甜綿密的焗烤地瓜。

**材料** 地瓜2~3個（約400g）、奶油20g、牛奶2大匙、糖稀2大匙、紅豆泥80g、玉米粒30g、
莫札列拉起司1片

**步驟** 1. 地瓜蒸好後，趁熱拌入奶油、牛奶和糖稀。

2. 焗烤容器內部塗上少許的奶油，挖取一半的①鋪在容器底部。

3. 鋪上一層紅豆泥在②上。

4. 再均勻地灑上玉米粒在③上。

5. 鋪上剩下的地瓜泥，最後放上莫札列拉起司。

6. 烤箱預熱至170度，烤9分鐘後，溫度調高到190度，再烤1分鐘讓起
司融化。

# 雞蛋糕

料理時間
25分

蓬鬆、軟嫩的雞蛋糕，利用瑪芬模型就可輕鬆地完成！

**材料** 4個份量

**麵糊**：低筋麵粉100g、牛奶100ml、糖30g、雞蛋1顆、泡打粉1小匙、鹽1撮

雞蛋4顆、起司片1片、蔥花1大匙、鹽1撮

**步驟** 1. 將麵糊材料放進碗中，用電動攪拌器混和均勻。

2. 起司片分成四等份。

3. 廚房紙巾沾食用油後，輕擦烤盤內部。

4. 每個洞倒入2大匙的麵糊，並各自放上1/4的起司片。

5. 接著再各自倒入1大匙的麵糊，並分別打上1顆雞蛋。

6. 雞蛋上方均勻地灑上蔥花，蛋黃部分灑上鹽巴。

7. 烤箱預熱至180度後，放入⑥的烤盤，烤20分鐘左右。

料理時間
40分

# 南瓜醬

散發著濃濃人情味的鄉村風南瓜醬，
抹在剛烤好的司康或烤至酥脆的吐司上，吃起來非常美味。

材料

1

2

3

4

**材料** 南瓜220g、蘋果80g、檸檬汁2大匙、糖120g

**步驟** 1. 將南瓜和蘋果切成丁狀。

2. 取一鍋，放入南瓜、蘋果、檸檬汁和糖，用弱火煮至滾。

3. 南瓜煮熟到一定程度後，用電動食物攪拌器稍微打一下。

4. 注意材料不要黏鍋，須適時地攪拌，南瓜泥變濃稠後關火。

5. 將④裝入消毒好的瓶子裡，蓋上蓋子後讓瓶子倒立，達到密封的效果。

6. 南瓜醬全部冷卻後，即刻放入冰箱保存。

 **Lady's Tip**

• 家庭自製的果醬沒有使用化學添加物或防腐劑，因此一旦開封後就要趕緊食用，果
醬才不會壞掉。

# 梅子氣泡水

親手做的健康飲料，
可取代市面上
那些含有過高糖分和
咖啡因的飲料！
以下是做法超簡單的食譜。

料理時間
5分

**材料** 1杯份
梅精5~6大匙、汽水200ml、檸檬片1片

**步驟** 1. 杯底加入梅精，倒入一半的汽水攪拌均勻。

2. 待①徹底混和後，再加入剩下的汽水。

3. 擺上檸檬片裝飾。

 **Lady's Tip**

• 根據個人喜好，你也可以加入冰塊。不過冰塊融化後，喝起來口味會變淡，因此記得放入足量的梅精。

## Special Table 13
# 柚子氣泡水

料理時間
5分

**材料** 1杯份

柚子醬3~4大匙、汽水200ml、檸檬片1片

**步驟** 1. 杯底加入柚子醬，倒入一半的汽水攪拌均勻。

2. 待①徹底混和後，再加入剩下的汽水。

3. 擺上檸檬片裝飾。

## Special Table 14
# 冰薑汁汽水

料理時間
5分

**材料** 1杯份

生薑醬3~4大匙、汽水200ml

**步驟** 1. 杯底加入生薑醬，倒入一半的汽水攪拌均勻。

2. 待①徹底混和後，再加入剩下的汽水。

料理時間
1小時20分

# 烤蒜味棒棒腿

散發出淡淡蒜香的烤雞，是一道能刺激食慾的料理。

材料

1

2

3

4

5

**材料** 雞腿4隻、雞胸肉3塊、牛奶50ml、咖哩粉2大匙、奶油50g、蒜末1大匙、香芹粉適量、蒜頭10瓣

**步驟** 1. 雞肉洗乾淨後，用刀子劃出開口，放入牛奶中浸泡10分鐘。

2. 撈起①的雞肉後，裹上一層咖哩粉。

3. 烤箱預熱至200度，將②放到烤盤上烘烤10分鐘。

4. 取一大碗，混和奶油、蒜末和香芹粉，均勻塗在③的雞肉上，靜置30分鐘。

5. 在④的雞肉擺上蒜頭片，烤箱預熱至200度後，放入雞腿烤15分鐘。

# 雞肉串

料理時間
15分

**材料** 雞腿肉200g、大蔥3塊、醬油3大匙、味醂3大匙、糖2大匙、龍舌蘭糖漿1大匙、食用
油1大匙

**步驟** 1. 雞腿肉切成一口大小，大蔥取蔥白部分，切成和肉一樣的寬度。

2. 竹籤依序串上雞肉和大蔥。

3. 用醬油、味醂、糖和龍舌蘭糖漿調成醬料。

4. 取一平底鍋倒油，放上雞肉串煎到兩面酥脆。

5. 反覆塗上醬料煎，小心不要焦掉。

# 年糕串

這是一道做法超簡單的料理。
甜甜辣辣的口味，讓人一口接一口。

料理時間
15分

**材料** 年糕(辣炒年糕用)20個、油2大匙、辣椒醬1大匙、醬油1大匙、番茄醬3大匙、糖1大匙、龍舌蘭糖漿1大匙

**步驟** 1. 年糕丟入滾水中汆燙後，用冷水沖洗並串到竹籤上。

2. 將辣椒醬、醬油、番茄醬、糖、龍舌蘭糖漿加在一起煮，當醬料外圍開始冒泡後，攪拌均勻並關火。

3. 取一平底鍋倒油，將年糕串煎酥脆。

4. 年糕串均勻地塗上②的醬料，用小火繼續煮。

5. 最後再均勻地塗上醬料。

# 辣拌螺肉

料理時間
15分

**材料** 螺肉罐頭1個、蔥絲1把、蘋果1/2個、麵線1人份

醬料：醋辣醬3大匙、辣椒粉1＋1/2大匙、蒜末1/2大匙、梅精1大匙、糖1大匙、味醂1大匙、香油1大匙、碳酸水2大匙、螺肉汁2大匙、芝麻適量

**步驟** 1. 蔥絲泡在冷水中，去除其辣味後，放在濾網上瀝乾水分。

2. 麵線汆燙後，用冷水洗一洗，放在濾網上瀝乾水分。

3. 螺肉均分成2等份，將蘋果刨絲。

4. 取一大碗，除了麵線外，加入所有的材料和醬料後，再用手抓勻。

5. 搭配麵線食用。

豆皮壽司便當

料理時間
30分

# 豆皮壽司＋
# 炒韓式泡菜＋
# 水果串

我想介紹一道親手做會更好吃的便當菜單，只要將平時當點心吃的料理組合一下就完成了。雖然看起來不華麗，但卻能讓你避開中午的用餐人潮，悠閒度過午餐時光。

## 豆皮壽司

材料

**材料** 飯2人份（調味：醋1大匙、糖1小匙、鹽1/2撮、水1/2大匙）、豆皮1包、香菇1朵、午餐肉片1/4塊

**步驟** 1. 香菇和午餐肉片切成丁狀，並用平底鍋稍微炒一下。

2. 飯中加入調味料，待糖和鹽都融化後，直立握著飯勺，以切開的方式拌勻。

3. 豆皮浸泡在熱水中，去除油分後，用力擰乾水分。

4. 將①和②的材料混和均勻後，捏成一口大小的圓球。

5. 飯塞入豆皮中後，捏出該有的形狀。

# 炒韓式泡菜

**材料** 韓式泡菜100g、午餐肉20g、油1小匙、香油1小匙、糖1/2小匙、青蔥花適量、芝麻適量

**步驟**
1. 泡菜切成適當大小，午餐肉切成丁狀。
2. 取一平底鍋倒入油，先放泡菜炒一炒，接著加入午餐肉拌炒後，蓋上鍋蓋開小火。
3. 泡菜變透明時，加入香油和砂糖，來回翻炒到無水氣。
4. 灑上青蔥花和芝麻即完成。

# 水果串

**材料** 小番茄3顆、金桔2個、香蕉1根（可依個人喜好變換食材內容）

**步驟** 1.香蕉切成適當大小後，和其他材料依序串到竹籤上。

# 馬鈴薯沙拉三明治＋辣雞翅

馬鈴薯沙拉做好後，可以拿來當三明治的餡料或搭配各種沙拉食用。

# 馬鈴薯沙拉三明治

**材料** 馬鈴薯1~2個、小黃瓜1條、玉米粒2大匙、美乃滋3大匙、黃芥末醬1大匙、香芹粉適量、吐司3片

**步驟**
1. 馬鈴薯蒸熟後，壓成碎泥。
2. 小黃瓜用削皮器削成長薄片。
3. 馬鈴薯泥加入玉米、美乃滋、芥末醬混和均勻，並灑上香芹粉。
4. 吐司去邊後，用木棍壓成薄片。
5. 鋪上小黃瓜後，挖取適量馬鈴薯泥到吐司上，底下墊塑膠袋後捲起。
6. 將⑤切成適當大小，裝到便當盒裡。

# 辣雞翅

**材料** 雞翅10隻、奶油1/2大匙、清酒1大匙、鹽1撮、胡椒適量、辣椒醬1＋1/2大匙、醬油1/2小匙、番茄醬1小匙、龍舌蘭糖漿1/2小匙

**步驟**
1. 雞翅洗乾淨後，用刀子劃出切口，並以清酒、鹽和胡椒醃20分鐘。
2. 奶油放入微波爐中加熱，融化後均勻地塗在①的雞翅上。
3. 烤箱預熱至200度後，放入雞翅烤15分鐘。
4. 將辣椒醬、醬油、番茄醬和龍舌蘭糖漿調成醬料，與③的雞翅拌均勻後，再放進烤箱烤3~4分鐘。

# 小倆口
# 幸福餐桌

簡便少鹽的 122 道

早午晚餐X小菜X烘培X特別推薦料理

作　者：李賢珠
譯　者：牟仁慧
責任編輯：楊雅勻
企劃主編：宋欣政
設計總監：蕭羊希
行銷企劃：黃譯儀
總　編　輯：古成泉
董　事　長：蔡金崑
顧　　問：鍾英明
發　行　人：葉佳瑛
出　　版：博碩文化股份有限公司
地　　址：221 新北市汐止區新台五路一段 112 號 10 樓 A 棟
　　　　：電話 (02) 2696-2869　傳真 (02) 2696-2867

郵撥帳號：17484299　戶名：博碩文化股份有限公司
博碩網站：http://www.drmaster.com.tw
讀者服務信箱：DrService@drmaster.com.tw
讀者服務專線：(02) 2696-2869 分機 216、238
（週一至週五 09:30 ～ 12:00；13:30 ～ 17:00）

版　　次：2014 年 2 月初版一刷

建議零售價：新台幣 360 元
ＩＳＢＮ：978-986-201-878-1( 平裝 )
律師顧問：劉陽明

**商標聲明**

本書中所引用之商標、產品名稱分屬各公司所有，本書引用
純屬介紹之用，並無任何侵害之意。

**有限擔保責任聲明**

雖然作者與出版社已全力編輯與製作本書，唯不擔保本書及
其所附媒體無任何瑕疵；亦不為使用本書而引起之衍生利益
損失或意外損毀之損失擔保責任。即使本公司先前已被告知
前述損毀之發生。本公司依本書所負之責任，僅限於台端對
本書所付之實際價款。

**著作權聲明**

*本書如有破損或裝訂錯誤，請寄回本公司更換*

**國家圖書館出版品預行編目資料**

小倆口幸福餐桌：簡便少鹽的 122 道早午晚餐
X 小菜 X 烘培 X 特別推薦料理 / 李賢珠著
; 牟仁慧譯 . -- 初版 . -- 新北市：博碩文化，
2014.02
　面；　公分
ISBN 978-986-201-878-1( 平裝 )

1. 食譜

427.1　　　　　　　　　　　　　103001292
　　　　　　　　　　　　　Printed in Taiwan

歡迎團體訂購，另有優惠，請洽服務專線
博 碩 粉 絲 團　(02) 2696-2869 分機 216、238

# 讀者回函

讀者回函

感謝您購買本公司出版的書，您的意見對我們非常重要！由於您寶貴的建議，我們才得以不斷地推陳出新，繼續出版更實用、精緻的圖書。因此，請填妥下列資料(也可直接貼上名片)，寄回本公司(免貼郵票)，您將不定期收到最新的圖書資料！

購買書號： 書名：

姓　　名：＿＿＿＿＿＿＿＿＿＿＿＿＿＿＿＿＿＿＿＿＿

職　　業：□上班族　　□教師　　　□學生　　□工程師　　□其它

學　　歷：□研究所　　□大學　　　□專科　　□高中職　　□其它

年　　齡：□10~20　　□20~30　　□30~40　　□40~50　　□50~

單　　位：＿＿＿＿＿＿＿＿＿＿＿　部門科系：＿＿＿＿＿＿＿＿

職　　稱：＿＿＿＿＿＿＿＿＿＿＿　聯絡電話：＿＿＿＿＿＿＿＿

電子郵件：＿＿＿＿＿＿＿＿＿＿＿＿＿＿＿＿＿＿＿＿＿＿＿＿

通訊住址：□□□ ＿＿＿＿＿＿＿＿＿＿＿＿＿＿＿＿＿＿＿＿

＿＿＿＿＿＿＿＿＿＿＿＿＿＿＿＿＿＿＿＿＿＿＿＿＿＿＿＿＿＿

## 您從何處購買此書：

□書局 ＿＿＿＿　□電腦店 ＿＿＿＿　□展覽 ＿＿＿＿　□其他 ＿＿＿＿

## 您覺得本書的品質：

內容方面：　□很好　　　□好　　　　□尚可　　　□差

排版方面：　□很好　　　□好　　　　□尚可　　　□差

印刷方面：　□很好　　　□好　　　　□尚可　　　□差

紙張方面：　□很好　　　□好　　　　□尚可　　　□差

您最喜歡本書的地方：＿＿＿＿＿＿＿＿＿＿＿＿＿＿＿＿＿＿

您最不喜歡本書的地方：＿＿＿＿＿＿＿＿＿＿＿＿＿＿＿＿＿

假如請您對本書評分，您會給(0~100分)：＿＿＿＿＿＿ 分

您最希望我們出版那些電腦書籍：

請將您對本書的意見告訴我們：

您有寫作的點子嗎？□無　□有　專長領域：＿＿＿＿＿＿

GIVE US A PIECE OF YOUR MIND

Give Us a Piece Of Your Mind

歡迎您加入博碩文化的行列哦！

請沿虛線剪下寄回本公司

廣　告　回　函
台灣北區郵政管理局登記證
北 台 字 第 4 6 4 7 號
印 刷 品 ． 免 貼 郵 票

**221**

# 博碩文化股份有限公司　產品部

台灣新北市汐止區新台五路一段 112 號 10 樓 A 棟